人生就是小欢喜

Life

夏与至 著

Happy

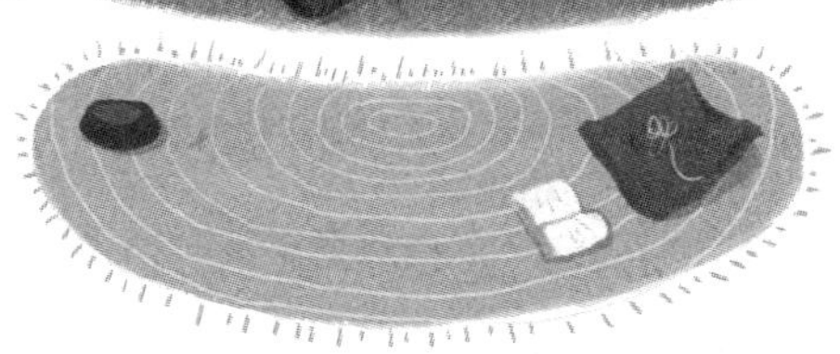

四川文艺出版社

图书在版编目（CIP）数据

人生就是小欢喜 / 夏与至著 . -- 成都 : 四川文艺出版社 , 2020.5

ISBN 978-7-5411-4997-9

Ⅰ . ①人… Ⅱ . ①夏… Ⅲ . ①成功心理－通俗读物 Ⅳ . ① B848.4-49

中国版本图书馆 CIP 数据核字 (2020) 第 045473 号

RENSHENG JIUSHI XIAO HUANXI

人生就是小欢喜

夏与至　著

出品人　张庆宁
选题策划　北京斯坦威图书有限责任公司 斯坦威 STANDWAY
编辑统筹　李佳铌　张其欣
责任编辑　范菱薇
封面设计　异一设计 QQ:164085572
责任校对　汪　平

出版发行　四川文艺出版社（成都市槐树街 2 号）
网　址　www.scwys.com
电　话　028–86259287（发行部）028–86259303（编辑部）
传　真　028–86259306

邮寄地址　成都市槐树街 2 号四川文艺出版社邮购部　610031
印　刷　河北鹏润印刷有限公司
成品尺寸　147mm × 210mm　开　本　32 开
印　张　8　字　数　150 千字
版　次　2020 年 5 月第一版　印　次　2020 年 5 月第一次印刷
书　号　ISBN 978–7–5411–4997–9
定　价　46.80 元

前　言

有没有这么一瞬间，会让你感觉生活特别辛苦，特别劳累，特别煎熬？

不知为何，近来刷出的新闻总是充满苦涩，直戳泪点：一位因在机动车道骑自行车而被拦下的年轻人，在面对交警时崩溃大哭，他无助地说：“我压力好大，我只是想赶时间。”

一位因长期加班感到委屈的女子，在地铁站里抱着工作人员号啕大哭，她不敢回家哭，怕吓着女儿，只能在外面哭完再回家。

一位年轻女孩带病追赶公交车，一路跌跌撞撞，摔倒在地又爬起来继续追赶公交车，她当时满脸通红，头都抬不起来，还流着眼泪，她那么拼命赶时间上班只是不想被扣掉300元全勤奖……

成年人的崩溃，往往就在一瞬间，很多糟糕的情绪积累到一定程度，就会突然爆发，不受控制。

委屈、心酸、孤独、失落、难过、痛苦，这些情绪就像隐藏在人们心里的炸弹，指不定什么时候会爆炸，将仅存的那点快乐燃烧殆尽。

成年人的生活，从来都不容易，有些人为了过上平凡的生活，就已经全力以赴，筋疲力尽了。

我身边也有很多“小确丧”：同学的父亲遭遇车祸意外离世，而肇事者却当场逃逸；公司裁员，要好的同事灰头土脸、心有不甘地离开了；本以为遇到真爱的好朋友，幻想着结婚的事宜，却猝不及防被抛弃；亲戚遭遇诈骗，被骗走了大一笔存款，报了警却追不回钱财……

一位朋友今年被诊断为抑郁症，她上半年过得颇为不顺：工作强度高，她不得不频繁加班，身心俱疲，项目完成后她本想休年假好好调理身体，可没想到等来的却是公司架构调整，她所在的团队被迫解散，她也被 HR 逼着自愿离职，还拿不到应有的裁员补偿。

朋友离职后找不到合适的工作，父母就催着她回老家考公务员或者找份轻松安稳的工作，她不愿意，可待在一线城市的压力又非常大，她每天都焦虑到失眠。更让她难过的是男友和她分了手，转身又和别人好上了。事业、爱情皆不顺的她，陷入了无边黑暗里，困惑又无助，整个人憔悴了不少。

她曾在深夜里发过这样一条朋友圈：“为什么这个世界那么糟糕？”

我心疼她，安慰了她很多次，但她的状态仍然每况愈下。

这一年，我也经历了很多不愉快的事情，委屈过，受挫过，迷茫过，挣扎过，痛苦过，我曾在深夜里掩面哭泣，也曾在车水马龙的街头崩溃，但好在我没有放弃。

我单枪匹马，披荆斩棘，一边崩溃一边自愈，一边丧气一边努力，咬着牙撑到了现在，终于度过了那些黯淡无光的日子，迎来了眼前的希望与光明。

在那些很不开心的日子里，我努力赶走负面情绪，想尽办法让自己快乐起来，我听了很多音乐，看了很多书籍和电影，去了很多想去的城市，尽量记住那些温暖而美好的事物，忘却那些困扰我的烦恼和焦虑。

感到沮丧的时候，我就拿日剧《悠长假期》的台词来安慰自己："在自己什么都做不好的时候，就当是上天赐予的长假，不要勉强，不要焦躁，更不要无谓的努力，将身心付诸自然，不久后一定会好起来的。"

我常常对自己说：别被面前的困难吓到，也别被痛苦困住，你要放宽心，看淡苦与难，以积极的心态前行，多记住生活中的小欢喜。

出门正好赶上一趟公交；吃到了喜欢的菜肴；买到了便利店里最后一块蛋糕；和朋友看了一部评分不错的电影；在长假一个人自由自在地旅行；花十块钱买了一盒草莓；在有风的午后，悠闲地看着自己感兴趣的好书……

这些细小而美好的事情，就像一颗颗闪耀的星星。可以将它们收藏在心里，这样以后遇到难过、疲惫的时候，你也能拿出来安慰自己。

这一年结束了，我发现身边人的生活或多或少都有了一些变化，有人更加珍惜与家人相处的时间，有人找到一份待遇优渥的新工作，有人开始享受单身的美好时光，有人吃一堑长一智，不再轻信陌生人……

而那位患了抑郁症的朋友，现在的状态好了很多，她和家人和解了，现在陪在父母身边，心态变得积极，不再过多担忧未来，不久后就会重新工作。

生活有时很糟糕，但请你不要轻易放弃希望，无论现在你多么不开心，你都要相信，明天会比今天更好。

很喜欢林清玄的一句话："人生不如意之事十有八九。常想一二，不思八九，事事如意。"就快乐地活在当下吧，让每一个当下有情有义、发光发热、如诗如歌。

眼前的苦难只是暂时的，人生还长，熬过了那些痛苦的日子，你的生命就会慢慢变得美好辽阔，人生再难，也总有小欢喜，而那些小欢喜，一点一点地组成了我们向往的生活。

愿你有所期待，有所改变，坚持你想坚持的，好好珍惜你所拥有的一切，认真生活，努力快乐，满怀希望地走下去，你所期待的美好，终将如期而至。

目　录

Part 1　成长，永远比成功更重要

Part 2　生活虽然平凡，但惊喜无处不在

Part 3 青春若是一本书，唯愿你翻得不仓促

Part 4 爱情没有对不对，只有好不好

Part 1
成长，永远比成功更重要

有将过往归零的勇气，你才能走向更广阔的远方

01

小末和我聊天时总摆着一副心事重重的表情，我问她怎么了，她犹豫了一会儿后说："最近我在工作时遇到了不少棘手的难题，一时间不知如何是好。想来我进公司也有一段时间了，和我同期入职的新人都被公司提拔了，而我还停在原地，不管怎么想都感觉很糟心。"

小末打小就是一个表现出色的学生，她在大学时就是风云人物，担任过学院学生会主席，四年专业成绩都名列前茅，年年拿奖学金，毕业时还成了那一届的优秀毕业生，资历可以说非常不错了。

可小末毕业后进入公司，却没能将她的优秀延续下去，她始终带着一种学生思维，有些固执保守，在别人都在疯狂学习新技能时，她安守本分地工作，在别人都争着负责公司新项目时，她一言不发

地等着领导给她分配任务……

在她眼里，自己的能力是不容置疑的，从小到大都很优秀的她信心十足，坚信自己一定会在职场中大放光彩，却不曾认真审视自己，也没有花时间和精力去充电，总是按部就班地做事。

虽然她能将手头的工作及时完成，分配的任务也处理得不错，但她却没有表现出向上的趋势，更没有学习的热情，而就在她停滞不前的时候，同期的实习生小林总是更为卖力地干活，忙完手头上的活后就积极地为上司分担，为新项目出谋划策，争着参与公司的活动。虽然她没有很高的学历，也没有丰富的工作经验，但她的努力大家有目共睹，更重要的是她不断提升自己的能力，还为公司的项目做出了贡献，所以在入职半年后，她得到了上司的认可，顺利升职加薪。

小末疑惑不解地问我："那个小林她没我学历高，经验也没我丰富，怎么看都不如我优秀，凭什么比我更快升职加薪？"

02

我对小末说："在我看来，虽然你过去很优秀，但那都是过去的事了。你该学会将往事清零，过去再成功又怎样，那不代表你现在就万事无忧。不进步就会后退，你已经不是学生了，公司需要的是结果，扪心自问，你在职场上做出成绩了吗？"

小末被我说得哑口无言，回去后她才给我发来消息："我想你说的是对的，我一直保留着过去作为优秀学生的骄傲，却忘了职场和校园不同，我没能做出成绩来，只会自怨自艾，说来真是惭愧。不过我想好了，从今往后我会放下过往，重新开始，不断努力提升自己的实力，你们就拭目以待吧！”

我认识的一位作者，曾在多年前写过一本销量不错的畅销书，并以此为荣，傲慢又自满，很多与我相熟的编辑都吐槽他，说他思想保守，顽固不化，不过是出过一本畅销书，就狂妄自大起来。这些年他的文笔退步厉害，编辑们给他提意见都被他否了回去，拿着过往的成绩四处夸耀，却不料早已在圈内名声扫地，而且他创作的新书太过敷衍，纵使他自视甚高，最后还是被出版社退了稿。

编辑感慨道：“他就是那种靠老本吃饭的人，不努力又不上进，耗光了名气后就什么都不剩了。他不懂得将过往的成绩清零，以为谁都会在原地等他，真是太自负了。”

03

无法将过往取得的成绩清零的人，会一直停滞不前，最后只会不停后退，落后于人。

从小父母就教导我，考了好成绩不要骄傲自满，考砸了也不必灰心气馁，因为完成了的就是过去式。一次考得好也只是暂时的，要想下次还能考好，就得继续努力，不断进步。

你所考的每一个高分，都只是过去阶段的成绩，那只是你过往努力的证明，却没法一直延续下去。如果你想赢到最后，那就要学会将过往取得的成绩归零，然后以开放、进取的积极心态，主动向前，不断努力、持续学习，一步一步提升自己的实力，让自己越来越强大。

有记者采访球王贝利："你在职业生涯中进了一千多个球，哪一个是你最满意的呢？"贝利笑了笑说："下一个。"

有一位演员，她曾拿过国内外多次大奖，但她没有被身上的光环所束缚，依旧用心演好每一出戏，挑战不同的角色。甚至，她还颠覆自己以往的形象，出演与自己人设不符的人物，她也因此多次拿下了令人瞩目的影后奖。

我很喜欢的一位作家写了很多本经典小说，被读者们誉为"大神"，但他不满于此，态度谦虚而诚恳，依旧夜以继日地创作，那一部比一部更精彩动人的作品就是他勇攀高峰的成果。

04

《极简力》中有句话说得好："清理掉你的缓存，适时把自己归零，就会不断追求卓越，在归零之后再赢得新的成绩。"

无论你曾取得过什么辉煌的成绩，如果你不能一直往前、不断进步，那么名声就会被慢慢耗光，荣耀也会被记忆尘封。

只满足于现在而漠视未来，不思进取又不肯前行的人，最后都会被过往的一个个勋章绊住，停在原地无法变得更好更强。

其实，一切都会过去，无论美好还是糟糕，一切都会过去。所以人要始终保持学习的心态，不断将过往清零，给自己的未来留出更多的空间去努力、提升、进步，争取更大的成就。

将过往清零或许很困难，但希望你能拥有清零的勇气，并能抱着积极乐观的心态、勇往直前，走过一道又一道的难关，攀登一座接一座的山峰。一旦你重新开始，扬帆起航，一个崭新美好的世界就已经在等你了。

知道自己要去哪里，全世界都会为你开路

01

有读者在微博里给我留言说："夏至，我现在处于一个迷茫的状态，不知道自己喜欢什么，也不知道未来自己能做什么。每当要做选择的时候，我都非常纠结，不知如何是好……我真的好羡慕那些知道自己想要什么的人啊。"

我这样回复他："其实很多人都不知道自己真正想要什么，这很正常。如果你一时之间没有很坚定的想法，不如思考一下自己不想要什么。知道自己想要什么和不想要什么的人，才会找到生活的方向，才能走得更远。"

坦白说，我以前也很羡慕那些坚定自己立场，明确意识到自己想要什么和不要什么的人。那些人比起同龄人，总是更为成熟稳重。一旦找准了方向，他们就会持续努力，坚定地迈出步伐，脚踏实地

地朝自己的目标前进。因此他们很容易取得成绩，获得成功。

我高中时的一个同学“小家”便是这样的人。他从高一起就明确了自己的目标：要考厦门大学，学习金融学专业。为此他三年来一直朝这个方向努力。高三的每一次模拟考试成绩出来，他都认真总结，不断反省，找出自己的不足，努力攻克一道又一道难关。他还拿自己的分数和往届考上厦门大学金融学专业的学生比较，不断提醒自己离目标还有多远。

而在那个时候，我和大多数同学一样，觉得梦想只有一个模糊不清的轮廓，连未来的方向都找不到。就像身处一团黑暗的迷雾之中，不清楚自己真正喜欢什么，想要什么。虽然我看起来积极努力，实则迷茫不已，没有过多准备，于是总在大考面前受到挫折，狼狈不堪。

小家全力一搏，最后在高考中顺利地考出了高分，顺理成章地进入了厦门大学学习金融专业。而很多如我一般的同学，面对不甚理想的成绩，只能皱着眉头去挑选分数适合的大学，对未来忐忑不安。

02

如今的小家顺利毕了业，还进入了自己心仪已久的行业，准备在金融领域里大展身手。

最近一次和他聊起天来，我发现他的目标依旧清晰，他的梦想虽然宏大遥远，但在他的努力和行动面前，仿佛也触手可及。

小家和我说："我之所以能走到今天，大概是因为我知道自己想要什么，不想要什么。我会为了我想要的东西去努力拼搏，不顾一切地完成目标，也会想方设法地拒绝和远离我不想要的一切，这让我少走了很多弯路。坚定地朝梦想前进，未来在我眼里从不虚无缥缈，而是真切实在的具象，仿佛我只要再努力往前就能够着。"

很多人之所以迷茫，大概就是因为他们目标不明确，信念不坚定，对于自己的梦想没有那么执着。无论做什么选择，都会犹豫纠结，总觉得什么事都是可做可不做，就像方向感差的人分不清东南西北一样，许多人分不清什么才是生活的重点，什么才是最应该坚持的目标。

03

张易也曾经历过一段不知道自己想要什么的迷茫时光。那时他高考失利，就读于一所普通大学，学习着并不感兴趣的专业，没有明确的目标，也没有梦想，生活得过且过。他既不和老师同学打交道，又不参加社团和学生组织，也从不参与课外活动和各种比赛。如同一个沉默的路人一般，他每天机械式地上课下课，往返于教室与宿舍之间，生活单调枯燥，如死水一般毫无生气。

在他大三那年，他做出了一个让人震惊的决定：他要休学一年，到各地旅行，见识更多的风景。做出这个决定的原因是，他想用读万卷书，行万里路的方式来改变自己的现状。他想要用脚丈量土地，想要接触新鲜的人和事，遇见美好的风景，邂逅陌生的路人。无论在旅程中经历什么，他都觉得比那种一成不变的生活要好。

在张易休学的一年里，他跋山涉水，走过了很多座城市，西宁、拉萨、乌鲁木齐、西安、哈尔滨、成都、重庆……在旅途中，他渐渐找回了那个最真实的自己，听到了内心的声音。

经过时间的沉淀，他发现自己并不想要那种一成不变的生活，他所向往的是自由自在的生活。后来，他开始创业，向着心中的梦想坚定不移地前进。

如今的张易已是一家旅行机构的创始人，虽然他的梦想还没有完全实现，但他已经远离了过去不想要的生活，并朝着自己的目标奔跑，未来一片光明。

04

有些人不知道自己想要什么，不想要什么。而有些人恰恰相反，他们什么都想要，事事都想做好。

涛子刚上大学时自信满满，誓将大学四年过得充实而有意义，他参加了五个社团，四个学生组织，当起了班长，课余还积极地参加各种活动和竞赛，大大小小的事忙得他晕头转向。很多社团和组织都选择在晚上开会，他即便分身有术也无法一一顾及，而班长的任务更是多如牛毛，他那几个月将自己折腾得非常狼狈，最后只好选择退出几个社团和组织，好让自己轻松一点。

涛子的野心很大，什么都想要，又什么都想做好，他目标是期末拿一等奖学金，课余不忘打篮球、跑步，晚上还要玩游戏放松，周末一有空就去做兼职赚钱，长假里还到处旅行。朋友圈他发得最积极，这会儿是在图书馆学习，下一刻又跑到大会堂听讲座了，大学生活过得忙碌而疲惫。

可人的时间和精力总归是有限的，他做的事情太多，注意力一分散，结果自然不会好到哪里去。那年期末考试，他只拿到了三等奖，活动他参加得很多，却没拿到什么名次，学生组织对他的印象也不是很好。涛子没有因此反省，反而更忙碌了起来。

大四那年，他拿不定主意是否考研，只好一边备战考研，一边找工作，同时还准备考公务员。最后他考研差几分没考上，公务员也落选了，只找到一份他不喜欢的工作。而身边那些专注于一件事的同学都得到了满意的结果。

他灰头土脸地找我倾诉，我安慰他之余对他说："你目标太多了，方方面面都想顾及，只可惜没办法兼顾。**你什么都想要，最后却什么都得不到。**"

薇薇也曾和涛子一样，什么都想要，看着朋友当了导游四处旅行，她也打算转行当导游，结果连导游证都没有拿到；她看到朋友圈里有人当起了摄影师，就去买了单反，打算也开家工作室，结果学了很久，她的摄影技术还是非常一般……

她渴望太多，只是因为看到了别人的光鲜，却没有听从自己的内心，不知道自己究竟想要什么、不想要什么，所以才活得不顺，无奈又难过。

有人说：如果你知道自己要去哪里，那么世界就会为你开路。诚然，如果你真的明确自己想要什么，并努力去行动，那么梦想就算再远，也总会有实现的希望。而你知道自己不想要什么也好，那样就能避免走很多弯路，避免做很多不喜欢的事，以及避免过委屈将就的生活。

归根到底，这个世界是属于目标清晰、信念坚定、坚持行动、努力向前的那类人的，从他们踏上征途的那一刻起，希望与梦想就在前方朝他们招手了。

不怕你怀才不遇，只怕你的才华配不上自己的野心

01

很多人常常自以为是，觉得自己优秀能干、满腹才华，只可惜没有人慧眼识珠。只好将就地待在一家小公司，做一份普通的工作，领着一份一般的薪水，生活庸庸碌碌，平淡无奇。

他们真的很厉害吗？不，很多人都只是抱着一颗怀才不遇的心罢了，自己明明不是一匹千里马，却偏要埋怨身边没有伯乐。这类人在生活中很常见，他们往往眼高手低、心比天高，什么都争着做，什么职位都觉得自己能胜任。满腹牢骚，成天抱怨。不但看轻身边人的努力，还对别人取得的成绩嗤之以鼻，甚至会冷嘲热讽一番："这件事要换我来做，肯定会做得比他好，比他强上一百倍一千倍！"

可真的有机会摆在他面前，或者得到了上司的提拔，他就像被打回原形似的，在他曾经期待已久的工作面前表现得手忙脚乱、束

手无策。可以大展拳脚的机会有了，而且就摆在他面前，他却怎么使劲都没有抓住。

这时，他才明白过去自己有多自不量力。没有优秀的能力空有一颗逞强的心，最后只会狼狈收场。

02

我身边这样的人真不少，大学同学小席便是这般，他平日里总喜欢吹嘘自己有多么聪明："我平时都没怎么听课，快到考试了只复习了半天就顺利考过了。""那些参加竞赛的人实力太差了，要是我去参赛，哪还轮得到他们？""不是我不聪明，只是我懒，我不想学习，也不想做自己不喜欢的事。"

在他看来，自己智商超越普通人，随随便便就能考过所有科目，要是认真起来就能拿遍大大小小的奖项，成为让人羡慕的存在。而事实是，他英语四级考了四次，直到大三下学期才勉强通过。他不仅没参加过大学里任何的比赛，更没拿到过什么奖项，就连临近毕业还一度面临找不到工作的困境。

大家其实都心知肚明，毕竟相处了四年，谁有几斤几两，能不清楚吗？

小席好面子，总是摆着一副怀才不遇的委屈模样向我们解释："我英语不好是因为没动力学习，再说了，英语学得再好又有什么用，我从没打算靠英语吃饭。”“我不参加比赛是因为我没兴趣，要是我认真起来，那一定是不会差的。”“我不是找不到工作，只是觉得很多工作不合适我，人一定要找工作吗？我未来说不定会回老家自己创业！”

大家听着小席那些无力的辩解，也没有反驳他什么。后来毕业了，他匆匆忙忙找了一份工作，在一家小公司里当助理。不仅工资极低，待遇也差，项目又苦又累，他没能坚持两个月就主动辞职了。

我关心地问他未来打算怎么办，他笑笑说：“不怕，我又不是没能力，是那家公司不重用我！我那么优秀，迟早会找到一份适合自己的好工作！”

在他说出这番话后，好几个月里，他每天都忙着投简历找工作，面试了几十次，却还是找不到一份满意的工作。不久前，他放弃了挣扎，卷起铺盖回到了老家。如今，他还游手好闲地在家待着，日复一日地抱怨这个“糟糕灰暗的世界”。

03

曾几何时，我也向朋友抱怨过，觉得自己怀才不遇，明明能力不错却碰不到机遇。然而不久之后，我就被现实狠狠地打了脸。

那时朋友认识的老板手头正好有个项目急缺人，朋友看我平日里大言不惭惯了，便向老板推荐了我。我以为机会来了，一时间很是激动，觉得自己终于能够大展身手，前途必定不可限量。可当我真接下那个项目时，不管我怎么努力，做出来的策划都还是与公司的要求相差甚远。后来我只能选择放弃，这也让朋友尴尬不已。

在那之后，我认真地反省，觉得自己的才华和实力确实配不上自己的野心，还需要积累更多的经验，还要有更多的尝试、努力与历练。同时我也意识到，自己根本不是怀才不遇，而是“怀才不够”。

在得出这样的结论后，我释怀了很多，不再终日为此苦恼、郁闷和纠结，不再天天祈祷赏识我的伯乐降临，而是学会不动声色地努力、脚踏实地，不断坚持做那些能够提升自己的事情。

毕竟，怀才不遇的最佳解决方案就是好好努力、坚持前进，不断使自己变得越来越优秀和强大。

在如今这个互联网时代，可以说没有怀才不遇的人，是金子总有一天会发光的。如果你为此感到困扰，觉得自己是一匹没有伯乐赏识的千里马，那么你可能需要进行重新思考，认真地审视自己：自己的才华真的足够支撑自己的野心吗？如果有一份大好机遇摆在你面前，你真能轻而易举地抓住吗？

04

生活中厉害的人数不胜数，每当我发现那些优秀、出色的人时，我都会默默地把他们当作榜样，学习他们的自律、勤奋和思维方式，并向他们看齐，不断努力超越自己。

比如，我有个很有才华的同事A，她的文笔很出色，码字速度能达到每小时七千字，上班之余还在网上连载小说。她从高中开始写作，如今已经写出了超过五百万字的作品；朋友R则阅片量大，他每天都坚持看一部电影。国产片、外国片、青春片、爱情片、悬疑片……不论什么类型、什么国家、什么题材的电影，他都曾涉猎，每次和他讨论电影，他都能娓娓道来自己的独特观点；同事S的脑洞极大，写的文案简洁深刻、充满创意，总能让上司和客户感到满意，他在本职工作之余还运营着自媒体，是某个平台的人气博主，拥有着不少的忠实粉丝……

在他们身上，我看到了很多闪光点，那些都是值得我学习的地方。所谓山外有山、人外有人，这世界上永远有比你更聪明更优秀更耀眼的人存在。你不要太自以为是，也不必妄自菲薄，你需要做的，永远都是脚踏实地、坚持努力，不断地提升自己，使自己成为更好的人。

我相信，不管在哪个领域，总有一些真正富有才华、能力强大的人。如果你还在为怀才不遇而感到困扰、难过，不妨聚焦于那些拥有瞩目实力的“千里马们”，看看他们在领域上做出的成绩，想想他们在生活中是怎样努力，又是如何走到今天的。

相比之下，立见分晓。你到底有几斤几两，你自己心里最清楚。这个时代不怕怀才不遇，怕的是你本来就没有多少才华和能力。不想着努力提升自己的实力，还偏愤愤不平、成天抱怨，等到渴望的机会出现在眼前，想要抓住却只能眼睁睁地看着它从自己身边溜走。到时候你怪不了别人，只能悔不当初，只能责怪那个“怀才不够”的自己。

不努力的生活，只会更苦更累更不容易

01

网上有人提问："你为什么要那么地努力？"

我给出了这样的回答："因为不努力的生活，会更苦更累更不容易。"

有人并不赞同我的看法，觉得努力不一定会成功，但不努力就一定会很轻松。其实，他们看到的只是表面上的轻松。不努力的人的生活不会一直都那么悠然自在，人生该吃的苦，该走的路，只会多不会少。**前期省了力气努力奋斗，那么后期就会吃更多的苦、受更多的累、流更多的汗、掉更多的泪、过更困难的日子。**

在工作日的午休时间，公司的电梯永远人满为患。一次我外出买东西，在等电梯时看到了好几个送外卖的员工。他们有的还很年轻，有的年纪稍长。那会正是三伏天，天气闷热潮湿，他们汗流浃背，头上冒着密集的汗珠，手里提着大大小小的外卖盒，看着久等不来的电梯干着急。

一位中年大叔问其中一个外卖小哥：“你今年多大了？你看起来这么年轻，怎么不好好念书工作，反倒送起外卖来了？”

那位小哥挤出笑容，满脸心酸地说：“我今年刚满20，念不好书，又没啥文化，就只能送外卖赚钱了。”他的两只手握着近十份外卖，手机不停响着提示他又有新单，看着电梯停在十五层久久下不来，他急得不行，就和那位中年大叔商量：“大哥，我六楼有一份外卖快超时了，我现在得赶紧跑上去送，等会儿电梯到了六楼麻烦帮我摁一下，我还要送十几楼的外卖。”

大叔见他一脸着急的模样，立即答应下来。那位小哥随后奔向楼梯，一路跑向六楼。后来上了电梯，我又在六楼碰到了那个小哥，他满身是汗，累得气喘吁吁，手里还拎着外卖盒，还要送往更高层。

大叔关切地问他：“那份外卖及时送到了吧？”小哥摇着头：“没有，还是超了三分钟。现在正是午餐高峰期，我手机里又多了十几单，送完这些我就得赶回去了，在这大热天工作可真不容易。”

大叔擦着头上的汗，叹着气说：“干我们这一行的，谁都不容易，大家挣的都是辛苦钱，一分钱一点汗啊。”

小哥感慨道：“如果我知道现实这么艰难，我以前就好好努力念书了，也不用像现在吃苦受累，没日没夜地奔波……都怪自己过去不努力！不努力读书，日后就得吃没文化的苦啊。”

02

我身边有很多像那个外卖小哥一样，因为过去不努力，只能现在吃苦受累、漂泊在外的人。

我儿时的邻居周楠从小就不爱学习，每回考试都考全班倒数，上了高中他也无心向学，成天逃课到网吧玩游戏，最后高考连大专都没考上。他家境也不好，父母看他不是一块读书的料，就让他出去打工，不求他日后干一番大事业，只求他有一份安稳的工作，过好自己的小日子。

于是，周楠在高考后就前往深圳，本想在大城市混得风生水起的他却在现实面前碰了壁：他只有高中学历，又没什么专业技能，进不了大企业、好公司，只能做一些不需要技术含量的脏活累活。

在那几年里，他做过很多份工作——工厂流水线工人、超市搬运工、餐厅洗碗工、工地施工工人……这些体力劳动，不仅收入微薄，还让他累得精疲力竭。他虽然没日没夜地工作，但在大城市里却感受不到归属感，也找不到人生的方向。漂泊五年后，他灰头土脸地回到了老家，想要重新开始，却发现凭自己的学历和能力，要找到一份安稳轻松的工作非常困难。

如今的他在工厂当保安，工资一般，还需要时常熬夜。唯一的好处就是单位离家近。

过年时我见过他一面，他年纪其实不大，但看起来却有着饱经风霜的面孔，他和我抱怨现状时，皱着眉懊恼道：“早知今日我会落到如此下场，我一定会好好念书，发奋图强。如果当年我能像你一样用功学习，或许我就不会混得那么差，要靠做苦力活维持生计了。”

可是，悔不该当初有什么用呢？人生从来没有什么如果，只有后果和结果。你不努力，迟早有一天会吃更多的苦、受更多的累，到那时，你再后悔也无济于事。

正如作家龙应台所写的一段话：“孩子，我要求你读书用功，不是因为我要你跟别人比成绩，而是因为，我希望你将来会拥有选择的权利，选择有意义、有时间的工作，而不是被迫谋生。当你的工作在你心中有意义，你就有成就感。当你的工作给你时间，不剥夺你的生活，你就有尊严。成就感和尊严，给你快乐。”

03

朋友小黎是结婚后才懊恼当初没有好好努力工作的。他不止一次地向我抱怨道：“结婚后的生活实在太辛苦了，我一个人支撑着全家。上班累死累活的，等到下班还有一大堆家务等着我。现在钱也不好赚，自从有了孩子以后，各种开销越来越大。我都开始后悔当初没有好好努力工作而是在职场混日子了，如果我能够升职加薪、赚更多的钱，我也不至于每天为生活担忧了 。”

“不努力的生活，非但不轻松，还会带来麻烦和忧愁，让人懊悔不已，却又无可奈何。”小黎苦着张脸，下定决心好好努力工作，绝不再浑浑噩噩地过日子。

前一阵子，苏晓慌张地跑来找我借钱。她父亲遇到了交通事故，急需钱来交昂贵的手术费。看着躺在病床上憔悴不堪的父亲，苏晓既愧疚又后悔，她找了好几个朋友，才凑足了医药费。

她红着眼睛对我说：“过去我觉得不努力也没关系，反正有父母可以依靠。如今我长大了，父母也变老了，我才发现他们并没有自己想象中那么强大。倒是我不够努力，既没有存款，也没有实力保护他们，看着他们那么无助的神情。我充满了愧疚。以后我再也不能挥霍时光，无所事事了。我要脚踏实地地做出一番成绩来，努力让我父母早日过上安稳的日子！”

看着她那副煎熬痛苦的模样，我不由得发出感慨：“不努力的话，未来某天你可能连最亲密的家人也无法保护，你感到愧疚却又无能为力，只能眼睁睁地看着他们离开你，这大概是世界上最残忍的事情了。”

04

网上有人说，你的同龄人正在抛弃你，他们的人生和你拉开了差距，谁过得都比你舒服、安稳、幸福。

而我认为，抛弃你的不是别人，而是你自己。

因为没有人能够抛弃你，除了你自己。你不努力，当然就会落后，你的不甘、你的委屈、你的难过，全都是咎由自取。

很多人说，现在的生活不是自己想要的，所以过得并不快乐，可你既然不满足现状，那为什么不去选择你喜欢的生活呢？

你可以扪心自问，自己究竟有没有付出过真正的努力？

如果没有努力过，你就别在没有选择的时候诉苦抱怨、低头叹息，因为你在放弃努力的时候，就已经失去了选择的资格。

你为什么要那么努力？

因为不努力的生活，就会更苦更累更不容易。过去不努力，现在就会后悔，未来就会遗憾。

努力是为了过上自己想要的生活；是为了让自己有选择权，去对那些不喜欢的人事说“不”；是为了自在地做自己真正想做的事情，热血沸腾地追逐梦想，努力过好每一天，努力成为一个更好的自己。这样，你在喜欢的人面前，不会再自卑退缩，觉得自己配不上别人，而是满怀期待地对那人说：“我喜欢你。”

努力，不仅是为了自己，为了梦想，更是为了家人。为了家人能够更安稳、更舒心、更幸福地生活。让他们不用为生计发愁，不用整日省吃俭用，不用担心没钱看病，不用苦着张脸、在现实面前低头妥协，不用成天受别人的气、委屈将就自己……

努力的理由实在太多太多了。归根结底就是，我们都是普通人，如果再不努力，我们的未来该怎么办？我们没有背景可以拼，也没有后台可以依靠，我们只能靠自己努力工作、打拼赚钱，我们不努力，没人替我们成长，也没人替我们维持生计。

你有什么资格不去努力呢?

既然如此，那就把握当下、认真做事、坚持努力。大家都在路上，你别后退、别放弃，也别认输!

想要成为更好的自己，就多靠近那些正能量的人

01

在朋友圈里看到一个作者朋友 D 的动态，她晒出了购房合同，并附上了这么一句话："通过五年的努力，我终于拥有了一套属于自己的房子。100 多平，不大但很温馨，重要的是它让我有了安全感和归属感。"

我留言祝福她，很多相识的朋友也纷纷留下评论，表示很羡慕她。

和 D 聊起天来，她说："我其实也只是一个普通人，在老家买了一套小房子没什么值得羡慕的。我最自豪的是，我现在拥有的，全都是自己一分一分赚出来的，买房的首付我没花家里一分钱。"

我问她那一大笔钱是怎样攒下来的，她便娓娓道来了她的赚钱经历。让我感触最深的是她说的一句话："在年轻的时候遇到优秀的人，

进入优秀的圈子真的很重要。如果当初我没有认识那些耀眼夺目的大咖，没有靠近那些充满正能量的朋友们，或许我现在就只是一个平凡普通、没有房子，只等着父母安排结婚的公务员而已。”

02

D在2015年的时候偶然下载了一款写作App，带着好奇的心情，她随手将自己的一篇日记发到了网上。没想到那篇文章被推上了首页，阅读破万、点赞破百。很多小编都跑来私信她，希望她可以授权文章转载。

D很是意外，那时候她对新媒体没什么概念，连微信公众号都没有，还是在一位微信小编的指导下，她才注册了自己的公众号，并加入了几个自媒体群，误打误撞开始了新媒体写作的生涯。

起初，她写文全凭心情，想写就写、想更就更，很是随意。因为她觉得写作只是一个兴趣爱好，不用当成一份工作那样认真对待。可在自媒体群里，她见证了一个又一个“奇迹”之后，她改变了自己的想法。

一位和她同期写作的作者，非常努力，每天写稿更新文章。在运营了一段时间的公众号后，她有了一定的粉丝基础，并接上了商业广告。每月光靠读者打赏和广告收入就能养活自己了，于是她决定辞职，专心写作，依靠写文为生。

D很是不解，她甚至劝那位作者别着急辞职，给自己留一条后路。结果那位作者辞职后专注于自媒体平台，持续写作，粉丝量越来越大，收入已经远超曾经的月薪。她对D说："我是做好了充足的准备才辞职的，现在的我是自由职业者，也是自己的CEO，做自己喜欢的事情之余又能养活自己，没什么比这更值得开心了。"

后来，D发现有越来越多的作者通过运营自媒体，找到了新的出路。有的成功出版了属于自己的书籍，有的还趁势开了自己的文化公司，如火如荼地创业。

D被那些坚持写作、努力创业的作者们激励着，也决心走上写作的道路。于是在忙碌的上班之余，她不忘提升自己、坚持写作，高频率地输入与输出，写出了很多令人印象深刻的文章。日子久了，她也积累了不少读者，还拥有了个人品牌。

如今的她在自媒体圈子里小有名气，不仅实现了靠写作谋生的梦想，还赚到了一套房子的首付，真正实现了经济独立，过上了让人艳羡的生活。

03

D说："如果我没有进入自媒体行业的圈子，没有认识那些励志又优秀的作者们，那我一定不会有今天。因为过去的我只是个务实的公务员，不愿意冒险，也不喜欢折腾。我是看到了身边朋友发生的变化，思考了很久才决定走上这条路。值得庆幸的是，我做到了。”

对此，我也深有感触。因为我也曾和D一样，对新媒体一窍不通，因为偶然踏入了这个圈子，认识了很多同行业的作者。在那些优秀、励志又努力的朋友的鼓励之下，我才一步一步走到了今天。

在年轻的时候，踏入自己感兴趣的圈子，并结识一些优秀的人，你会感受到他们身上散发出来的正能量。你会被他们振奋人心的经历激励到，从而发现更恢宏的目标，找到更清晰的方向。

蔚蔚在大一的时候一切都很普通，直到她在社团遇到了一个各方面都很出色的学姐，她才开始转变自己对学习和生活的态度。

那位学姐非常优秀，不仅屡获国家奖学金，还担任班长、社团负责人、校学生会副主席等多个职务。她能平衡学习和社团组织的工作，并利用课余时间参加了很多公益活动，在假期四处旅行，在寒暑假到大企业认真实习……

用蔚蔚的话来说，那位学姐的资历真是完美到挑不出任何毛病！她羡慕学姐，在和她相处的过程中，她感受到了满满的正能量，便立志以学姐为榜样，努力成为一个优秀的人。

为此，蔚蔚端正了自己的态度，不再得过且过地生活，学习、社团工作、旅行、实习，她一个也没有落下。她很积极地参加各类活动比赛，考了有用的技能证书，还和同学组队参加创业比赛。在拿到奖学金的同时，她还在导师的指导下参与了省级项目，积累了很多经验……

到大四毕业时，她拿到了心仪公司的offer，如今工作稳定、薪资优渥，成为了大家眼中优秀又励志的偶像。

蔚蔚和我感慨说："如果你渴望变成一个更好的人，那就努力地去靠近那些足够优秀的人，在靠近他们的过程中，你会慢慢看到希望与光亮。最后，你会走到他们身边，也成为让人羡慕的那抹光亮的一部分。"

04

所谓近朱者赤，近墨者黑，环境对人真的有很大的影响，而且是我们不能忽略掉的影响。

我一直很相信吸引力法则：你是一个怎样的人，就能吸引到什么样的人，因为只有相似的两个人，才会因为相同的频率而被吸引到一起。

你渴望成为一个更好的人，就努力迈向你所期待进入的圈子里，慢慢朝着你憧憬的人走去——**努力模仿他们的优秀品质，养成他们的良好习惯，做他们验证过的事，朝他们靠近，成为那束吸引你的光亮的一部分。**

正能量是会传播的，所以不要拒绝去接触一个满怀正能量的人。他的优秀、努力、自律会感染到你，他的励志经历会打动你，让你也充满热血满怀热情地去做一件事，踏实努力，坚持不懈——慢慢地，你会发现自己也有了变化，自己每一天都在进步，一天比一天更优秀。

或许有一天，你朝着期待的方向走了很远很远，终于靠近了你曾经仰望的人物，而你自身也开始散发耀眼夺目的光芒，成了别人眼中值得靠近的对象。

这时候，你只管好好发光发亮，传递更多能量吧。

成长需要磨炼，抗压的人才能走远

01

前一阵，朋友公司的一个同事辞职了，朋友和我吐槽道："那个新人毕业不到一年，这都已经是他第六次辞职了，他辞职的理由很简单，承受不了公司的压力，忍受不了周末加班，还嫌上司总是批评他，抱怨身边同事不搭理他。其实他条件倒还不错，学历好，能力也不差，就是他抗压能力一般，其实无论做什么工作多多少少都会有压力，周末偶尔加班也不算什么，上司批评他只是因为他交的报告出了差错，而且同事也没有不搭理他，不过因为工作太忙没空和他说闲话罢了……"

谈到最后，朋友感慨地说："我看那个年轻人如果不能承受这些压力，那么他今后在职场的道路依旧会充满艰难险阻，毕竟社会不是大学，只要稍微用心学习就能考过，生活是残酷现实的，绝不会对任何人宽容和优待。”

我想起自己的一段实习经历，也附和他道：“确实，要想在职场里做得风生水起，就必须收起玻璃心，不断学习，认真做事，努力提升自己，还得承受住一切压力。”

02

我在实习时，表现并不突出，那时的我还保留着学生的懵懂无知，无论做什么都缩手缩脚的，害怕给人制造麻烦，更怕搞砸自己的工作。

我安守本分地做事，不求做得有多好，只求不出差错，不让身边同事取笑，也不让领导批评教训。谁知有天我忙中出错，还影响到领导会议的正常进行，于是在会议结束后，我受到了领导的一通责骂。

当时我紧张得手心冒汗，像个犯错的学生似的在听着领导的责骂，心里非常难过，觉得自己糟糕透了，在那之后的好多天里，我感受到了一股莫名的压力，总觉得领导在盯着我，使我无时无刻不绷紧神经，无论做什么都没有劲，感觉心酸又难过。

有位前辈察觉到了我的忐忑不安，便主动询问我的状态，我将自己的想法一五一十地告诉他后，前辈微笑地对我说：“你没必要那么紧张的，你做错了事，领导教训你是应该的。在工作上感到压力很正常，你不要想得太多，年轻人就得大胆点，认真做事，努力干活，积极主动地完成任务，将压力转换为动力，这样才能走得远。”

前辈还告诉我，过去的他也曾像我一样，在工作中感到很大的压力，于是战战兢兢，如履薄冰，等到他在职场上打拼了一段时间后才发现，不论在哪家公司，担任什么职务，总会遇到大大小小的难题，承担一定的责任。无论做什么，压力总是会有的，你不能排斥或忽略它，而要学会转变自己的心态，努力学会接受并承受你应肩负的压力，在职场中没有谁是容易的，你只有不断提升自己，强大自己的内心，才会拥有更大的格局，才能在行业里走得更远。

我深以为然，在那之后，我不再畏惧压力，而是想方设法地将压力转换为动力，然后脚踏实地，一丝不苟地工作，很快就做出了成绩，受到了领导的褒奖和同事的鼓励，有了很大的进步。

03

人生之路，艰难困苦，玉汝于成。如果能够活得称心如意，自然是幸运，但倘若接连受挫或遭遇突如其来的厄运，你也别心生绝望，向黑暗低头妥协。

成长需要磨炼，无论是挫折，打击，失败还是厄运，多么糟糕的事情你都要学会去面对，接受，然后努力改变，将世界给予你的压力转换成生活的动力，纵使披荆斩棘，也要奋力向前。

李奇是一名自由漫画家，他给一家平台供稿，每月都有一笔不多不少的收入，虽然没能赚到大钱，但能为了梦想努力，他还是非常开心。然而，那家平台因经营不善，稿费迟迟不发，李奇被拖欠了将近半年的稿费，多次询问无果，生活因此变得拮据起来。

而此时屋漏偏逢连夜雨，李奇的母亲生了重病，李奇只能赶赴老家，他一边照顾母亲，一边抽空画连载，还得花精力向平台讨债，忙得不可开交，身心俱疲。

那一段时间，李奇感到压力巨大，天天都在为生病的母亲祈祷，还担忧生计，害怕自己没钱支撑起家，成为父母的重担，忧思愁事过多，他整个人憔悴了许多，夜间常常失眠，还掉起了头发。

好在母亲的病恢复得很快，家人们都表示李奇不用过度担忧，而平台那边的欠款也总算是讨了回来，李奇重回城市，找了另一家靠谱的公司合作，又继续画起了连载漫画。

如今的他拥有了大批的粉丝，每月都有稳定的收入，漫画在平台上的人气很高，还成功出版了，经历过风雨打击的他，变得更加坚强淡定，无论发生什么，他都能微笑面对。

李奇和我说：“那段痛苦不堪的经历磨砺了我，使我成长为更成熟稳重的大人，如今我已学会承担责任，抵抗外界的压力，从容不迫地生活。”

04

我想，每个人都得经历一些风雨的历练，在翻山越岭度过困难煎熬的时刻后，才慢慢学着成熟镇定，淡定自如地面对眼前的泥泞小道和曲折难关，无论是谁，都必须接受现实的残酷冰冷，学着抵抗压力并将之转换为前进的动力，世界不会对任何人宽容，你要想走得远，就必须努力使自己强大起来。

我遇到过很多优秀的人，他们在自己的领域里做得风生水起，名声远扬，很多人都佩服他们，可我知道，他们在成为今天闪耀夺目的模样前，也曾吃过很多苦，受过很多伤，走过很多条弯路。

而他们在回忆往事时，都能笑着讲出那些让自己委屈心酸的故事，对他们而言，那些挫折、打击和失败磨炼了他们，不断使他们成长进步，蜕变成更好的模样。

这些优秀出色的人还有一个共同点，那就是非常抗压，心态积极，绝不会轻易认输妥协，也从不对生活感到绝望，无论遇到多大的问题，他们都能坦然面对，淡定地处理，从容不迫地按照自己的意愿前行，而不会让外界干扰到自己。

而很多过得不好的人，其实能力不差，也有才华，但他们内心不够强大，无法抵御外界的压力，看似坚强实则不堪一击，一遇到大风大浪，就会跌进生活的汪洋里，苦苦挣扎却无法自救。

这样的人能做事，却很难成大器。

所有能成大器的人，都是成熟坚定，内心强大，吃得了苦，扛得住压，无论面对什么困难险阻都依旧淡定从容的人，他们在面对人生一次又一次的磨难时，从不惧怕，从不退缩，而是像贝壳将石头磨砺成珍珠，像毛毛虫在黑暗的茧里蜕变，像梅花盛放在凛冽的寒风中那样，一步一步走出困境，使自己变得越来越优秀，越来越强大。

走知识付费的途径，不代表你真能学到东西

01

周末我本来想约朋友一起看电影的，不料他满带歉意地和我说："不好意思，我去不了，我最近太忙了。"

我纳闷："前一阵你不是刚加完班吗？怎么连周末都没空？"

朋友笑着和我说："不是公司的事，是我最近报了好些线上课程，想利用周末空闲的时间给自己充电。不是说活得老学到老吗，我努力提升自己的能力，才能在职场上立足啊。"

看他那一副信誓旦旦的模样，我也不好多再勉强他，只好说："那你可得好好努力，加油学习！"

可又过了一阵，我问他报了那么多线上课程有什么收获时，他一下愣住了，支支吾吾地不知说什么好。

原来，他报名不过是随波逐流罢了，看到朋友圈里人人都在学习

新领域的知识，他也不甘落后，报了许多看起来高端大气上档次的课程：21 天习惯训练营、英语口语速成、PPT 教程、新媒体运营、三天成为文案高手、营销大王之道、基础编程……

在花了那么多钱，报了那么多线上课程后，朋友终于松了一口气：觉得自己没有落后于人，也没有停滞不前。他为自己还在不断努力、不停学习而感到自豪，这种努力甚至感动了他自己。

02

朋友一开始还是很积极的，一回到家就听直播，还向主讲人提问，认真地记录知识点，然后不断操练。可这种努力用功的态度没能持续多久，很快他的意志就松懈了，觉得那些课程已经报名了，录音都可以随时随地听，他就不再准时地听直播，也不做笔记和完成线上任务了。

到了最后，他渐渐淡忘了曾经记住的知识和技能，甚至连自己报了多少个线上课程都忘了，唯一收获的可能只是他发在朋友圈的打卡记录下朋友们的点赞。

朋友拉长着脸，不满地说："我觉得自己被骗了，报了那么多课程，花了那么多钱，最后还是一点用都没有。以后我再也不随大流，瞎报这些吹得神乎其神的速成班了。"

我语重心长地对他说："在我看来，线上课程固然有问题，而你的问题也不小。你觉得自己付出了金钱、时间和精力就一定能学到东西吗？你错了，你根本没有主动学习，也无法将知识融会贯通。你需要的不是那些速成班，而是踏踏实实地学习和努力啊。”

在这个知识付费相当普及的时代，在网上学习一门课程或技能非常便捷。但也因为太过便捷，很多人陷入了一种误区，认为知识付费就等于学到东西。

抱有这样想法的人，大都喜欢随波逐流。看着大家都学习新的知识和技能，自己也不甘落后，于是疯狂地报了一堆线上课程。以为花了钱，就能掌握技能、提升自己。他们天天打卡，时不时就晒自己怎么努力学习，可他们往往“三天打鱼，两天晒网”，很快就半途而废。反倒是那些不动声色努力的人笑到了最后。

03

其实我很理解那些热衷于报各种线上课程的人，他们都是积极向上、不甘平庸的人，但他们忽略了一点，那就是知识付费不代表自己就能学到东西、掌握技能。

毕竟，这世界上最难走的路其实是捷径。

通常越想走捷径，越是急于求成的人反而会走更多弯路，最后会更慢地抵达终点。所谓欲速则不达，就是这个道理。

我认识一个作者朋友简，简也曾开过一个写作课程。但据她所言，课程的效果并不是很好。

“报名的人有很多都急功近利，恨不得半个小时就能写出一手好文章。我告诉他们写作是需要多阅读、多练笔，做大量积累，可他们偏觉得有捷径可以走，还埋怨我故意不告诉他们正确的方法。”

简和我吐槽起那些报名者时，眉头紧锁：“我为了鼓励他们写作，搞了一个活动，让他们每天坚持写一千字的文章，如果坚持写到一个月，我就退还他们的学费。一听到这个消息，大家都摩拳擦掌，觉得一个月后就能收回自己的学费。我以为他们真的能够做到，可我错了。在最初的几天，大部分人都坚持每天写文。可一个星期后，坚持下来的人少了一半，两个星期后，人又少了许多，到最后，能坚持下来的只有三个人。”

大多数人选择在中途放弃，不管是什么理由，他们始终没能有始有终地完成这个任务，即便是当初信誓旦旦的人最后也被现实打了脸。

那些无法坚持努力到最后的人，又怎么会真正学到有用的知识和技能呢？

04

在我看来，知识付费无可厚非，但某些打着速成旗号的线上课程往往是吹得厉害，却没有什么实际效果。如果你是奔着走捷径去的，那么最后必定会大失所望。

毕竟，这世界上的学问，都需要踏踏实实、认认真真地学习才能进步，取得收获。要走捷径的人大都会在半路上狠狠地跌倒。

在网上看到这样一句话："你下载了 Sketch，不代表你就是设计师了；你下载了 Sublime Text，不代表你就是前端工程师了；你下载了几个 G 的法语学习视频，不代表你就会法语了。你下载了扎克伯格 2015 年推荐书单中所有书的电子版，不代表你就真的饱读诗书了。重要的是你的脑子里有什么，而不是你的硬盘里有什么。"

我深以为然。同样的，你进行知识付费，并不代表你就真能学到东西、掌握技能。

总而言之，不管做什么都好，你千万别总想走捷径。这世界上最难走的路，就是那些号称不需要时间和努力的捷径了。

在这个终身学习的信息时代，不断充电、不断学习新技能、不断提升自己，是一件想法很好的事情。但前提是，你一定要踏实地努力，付出行动，一步一个脚印地前进。切忌贪快，切忌想得太多做得太少。

你要记住，无论学什么，努力都必不可少。而更关键的是，你得学会坚持，深度思考，并且持续不断地输出，用实际行动去证明自己的实力。

活得自在的人，都懂得克制欲望

01

王琦是一个在大公司上班，工作稳定、薪资优渥的白领，很多朋友都羡慕她年纪轻轻就活得那么光鲜亮丽。然而她最近很是沮丧，朋友圈里的负能量爆棚。我关心地问她怎么了，她向我坦白说："我最近越发觉得自己变穷了，想要的好多东西都得不到。"

我不禁有些纳闷，在我印象中，王琦的工资远高于同龄人的平均薪资，而且她目前还没有买房，不用背负房贷的压力。一个人生活怎么说都是不愁吃穿，过得挺好了，怎么还会越变越穷?

王琦和我解释道："我虽然挣得多，但是花得也多，总攒不下钱。没办法，我想买的东西、想去的地方太多了。怪我太穷了，没能赚到更多的钱。"

原来王琦虽然收入很高，但却没有存钱的习惯。她总是放纵自己的欲望，不顾经济实力就大肆消费：买最新款的手机，挑名牌的服饰和包包，用最贵的化妆品，去国外旅行时不节制地消费，一冲动就刷爆了信用卡，不仅月光，还欠了不少钱……

看着愁眉苦脸的王琦，我忍不住和她说："你不是真的穷，你只是不懂克制自己的欲望。你目前的经济水平其实可以让你过上更舒服的生活的，可是你欲望太多，什么都想要，又不肯节制，所以才会陷入困境，过得很苦。"

02

在知乎上有一类问题很热门："在一线城市月入过万能过什么样的生活？"

回答者里很多都是月入过万的职场精英，他们收入水平相近，但生活质量却大相径庭。

有的人月入三万，但所过的生活在她眼里依旧是将就、凑合，活得敷衍又委屈。而有的人月薪不多，却过上了悠然舒适、自得其乐的生活。

看到一位网友的回答，她月入八千，觉得在上海活得特别辛苦。因为她租了一间月租五千的房子，平时的交通费、水电费和生活费都占了工资大半。她还不知节制，一发工资就去吃大餐，买名牌的化妆品、轻奢的包包，旅行都是坐飞机，一有空就参加各种娱乐活动，冲动地消费。以致她每个月入不敷出，信用卡还欠了钱，日子辛苦又难挨。

而有一位网友工资一般，但她所过的生活被很多人羡慕着：住的房间虽小，但被她布置得可爱温馨。阳台上种着绿意盎然的盆栽，屋内还摆着轻便的书桌和布式衣柜，宽敞明亮，看起来很是精致。

她为了省钱，每天自己做饭，做的便当便宜又好吃，还比外卖健康；工作日她大多时间都是骑共享单车上班，节省了很多交通费；周末的时候她会去公园运动，放长假她也会去旅行，活得悠然又自在。

她说："我虽然收入不算高，却能在一线城市活得很好，原因之一就是我能够克制自己的欲望。我从不冲动消费，不买超过我承受范围的任何东西，我不买奢侈品，但我的生活品质没有变差。每一天，我都舒服而有节奏地过着自己喜欢的生活。"

03

常常看到网上这样的一个问题："我月入三千，应该买一只三万块钱的包包吗？"

有人赞同，觉得喜欢就买，人要对自己好一点。而有的人反对，觉得不应该一时冲动就超前消费，毕竟自己负担不起那样的奢侈品，买了只会降低自己的生活质量。

在我看来，无论哪种观点，都有它的道理。每个人都有自己的活法，只要自己愿意，没人能改变你的想法。

而越长大越明白，生活过得好不好与钱有关。但钱不是最关键的，要想过自在愉悦的生活，就必须克制自己的欲望。

日剧《东京女子图鉴》的女主是一个很有野心的人，她毕业后从小城来到日本最繁华的东京工作，从此开始了她的进阶之路。

她在工作上很努力，不断地升职、加薪、跳槽，钱赚得越来越多，租的房子的地段也越来越繁华。但她始终不满足，欲望一直膨胀着，租昂贵的房子，买奢侈的包包，过精致的生活，以致所赚的钱都没法满足她的欲望。

后来她离开东京回到家乡，发现自己已经无法适应家乡那种朴质简单的生活了。她低不下身段，无法委屈将就地在小地方生活，于是她再一次离开家乡来到东京，继续过着野心勃勃、欲望满满的生活。

看完这部剧，很多人都感慨女主的经历，觉得她变了很多，虽然无比努力，却还是没过上自己喜欢的生活。明明有了许多，却还是不知足——欲望一直牵绊着她，让她在繁华都市里迷失，就像一条评论所说：“或许她从未真正体会过读书这样的精神享受。”

04

如果你一直追求物质，痴迷于所谓的“精致”“品质”和“高贵”，那么你可能也会陷入追逐物质的欲望之海中，越陷越深。

你以为有了钱就有了一切，殊不知有钱不过是比较级，总有人比你有钱，总有人过得比你好。

如果你一直陶醉在那种欲望之中，那么纵使你有再多的钱，也迟早会花光，因为你毫无节制，丝毫不克制自己，而是放纵自己的欲望。

欲望就像膨胀的气球，只会越鼓越大，最后大到一定程度就会摧毁你的生活。

在心理学有一个概念叫“棘轮效应”，指的是人的欲望总会不断膨胀，一开始只是想要一支口红，后来想要整个色号的口红，接着就是衣服、包包、鞋子……

所谓欲壑难填，欲望总是无穷无尽的。

生活中那些追逐金钱、为了满足欲望不惜一切代价，最后越过越差的人不胜枚举。这告诫我们，有钱不一定就能过上真正快乐的生活，那些活得自在的人，都懂得控制自己的欲望。

学会控制自己的欲望，在自己的经济条件允许的条件下，去买自己喜欢的东西，去想去的地方旅行，去好好地生活。哪怕不富裕，日子也能过得很美好。

有欲望不可怕，最可怕的是你空有野心，却没有实力，欲望太多，什么都满足不了你。最后越努力越痛苦，虽然看起来一直在前进，但其实只是原地踏步罢了。

把羡慕别人的时间，都用来过好自己的生活

01

在一次聚会中，我和几个要好的朋友聊了起来。谈到彼此的近况，大家都在一个劲地抱怨自己的生活，然后露出羡慕的神情憧憬着别人的生活。

笑笑叹着气说：“我每天朝九晚九的，动不动就得开会、加班，忙得鸡飞狗跳。上司不给我好脸色，老板也一样冷漠，只看结果不看过程，我天天上班，累得要死，真羡慕小清你这个公务员啊。”

小清眉心微蹙：“谁说公务员就轻松了？我的工作复杂繁重，既需要技能又考验耐心，根本没你想象中那么轻松，我看过得最好的还是松子，她可是自由职业者，想干什么就干什么，不能再痛快自在了。”

这话一出，大家都将目光转向松子，她赶忙摆着手，头摇得跟拨

浪鼓似的，叹着气说：“你们觉得我真的过得很自在吗？我没有固定工作，也就意味着没有固定的收入，不稳定也不踏实。赚到的钱和以前的工资相差不多，关键是我还没有社保，吃了上顿怕没下顿的，只能紧紧巴巴地过日子。你们就别取笑我了，我还羡慕你们呢！”

听完这话，大家面面相觑，谁都不再吭声了。

02

在和大家的聊天对话中，我发现了这样一个普遍存在的现象，那就是大家基本都对自己的现状感到不满，反而羡慕别人，向往着他们的生活，觉得自己的日子过得灰暗糟糕，值得憧憬的永远是别人的美好生活。

普通上班族觉得自己朝九晚六很是辛苦，既要看领导的脸色，还得搞好业绩，忙得不可开交。他们羡慕公务员过得轻松，却不知公务员并不都是闲人。许多公务员的工资也没有多高，任务同样繁多，也有着岗位上的压力。

自由职业者认为自己收入不稳定，成天忙忙碌碌却找不到方向，没有固定的薪资和稳定的生活。他们羡慕那些可以自己做主的创业者，殊不知创业者也有不为人知的艰辛。创业者不仅要运筹帷幄，还得管理团队，养活手下的员工，顶着赔钱的风险，面临着巨大的压力。

总而言之，谁都不容易。生活中没有哪一份工作是高薪事少、特别轻松，还完全没有压力的。做员工上班辛苦，做领导得扛着压力，做老板得肩负责任。**一旦换位思考，你会发现自己无论身处何种处境，都会有不同的苦恼、责任、挑战和压力。**

成年人的世界竞争残酷，优胜劣汰。要想生存，就必须接受生活的挑战，顶着压力，承受苦难。谁活着都不容易啊！

03

我曾在职场中遇到一个前辈，他比我大十多岁，工作已有十余年，在八座城市里待过，换过二十多份工作，经历过大大小小的挫折、失败和磨难。

前辈阅历丰富，通晓人情世故，饱经沧桑的面容上总是挂着一丝从容淡定的微笑，仿佛见过大风大浪后一切都不是难题。

一次，同事和我在公司茶水间里抱怨最近老是加班，不小心被路过的前辈听到了。事后前辈找我聊天，谈及此事，他问我觉得目前的工作如何。我不假思索地说工作没什么大问题，就是加班有些频繁，很多新人都不太适应。

说完这些，我又补了这么一句："有时候我也很羡慕那些领导，看了几页报告就能快速地做出决定，觉得不对劲又可以让员工反复修改，最后辛苦受累的终究还是我们这些下属。"

前辈听后，语重心长地和我说："其实你不必羡慕任何人，因为你完全想象不到别人要承受多大的压力。我年轻时创过业，起初很多人羡慕我，觉得我不用为任何人打工，肯定很潇洒自在。而事实上，我过得也很艰难，创业初期我没多少员工，自己身兼数职，白天忙得连吃饭都顾不上，熬夜加班更是家常便饭。

“做一个项目前前后后需要几个月的策划和筹备，我顶着巨大的压力，不断做报告、写方案、谈投资，什么事情都得顾上，那段时间我没日没夜地工作，过得无比煎熬。因为过度劳累，我身体有些吃不消了，不仅有了白发，还开始失眠脱发。后来我做的好几个项目都赔了，我负债累累，连员工的薪水都快掏不出来……你一定无法想象我是怎样度过那段痛苦难挨的日子。”

前辈轻轻叹了口气，接着说：“这些年，我换过了许多份工作，经历了很多波折和磨难，生活教会我一个道理，那就是**别老是羡慕别人的工作，向往别人的生活。没有谁是无忧无虑的，专注于自己的生活，努力过好当下才最重要。**”

04

前辈的那番话让我恍然大悟，仔细想想，自己的日子虽有波澜，但也美好温暖，何必去羡慕别人?

毕业前夕，很多同学都在纠结未来的选择，工作、考研、考公、出国留学，大家都不知道怎样选择才好，生怕自己一不留神就走错了道路，从此活得憋屈难受。

等真正毕业后，很多同学都在打探彼此的现状，在聚会聊天时抱怨自己的处境，巴望别人的生活。

考研的羡慕上班族能够独立谋生、赚钱养家；上班族羡慕出国留学的同学开阔了眼界，还为学历镀了金，而出国的又羡慕那些留在国内发展、不用饱受思乡之苦的同学……

在生活中又何尝不是这样，单身的羡慕恋爱的，恋爱的羡慕结婚的，结了婚的人又时不时羡慕单身的潇洒与自由……

生活就像一座围城，总有人不停地东张西望。围城里的人想要爬出去，围城外的人想要爬进来，互相羡慕各自的工作，向往着彼此的生活，憧憬着别人的日子，总觉得自己过得不好，而别人的一切就算再糟糕，也都是闪闪发亮，充满幸福的。

一直怀着这样想法并持续羡慕别人的人，是不容易过好生活，也无法享受生活的。

毕淑敏说："生活就是泥沙俱下，鲜花和荆棘并存。"其实，你的处境未必糟糕黯淡，他人的生活也未必光鲜亮丽。与其羡慕别人，不如活在当下，用心地过好自己的生活。

生活是自己的，与他人无关，别人再好也都是别人。你只能过好自己的生活。当某天你不再一味羡慕别人，不再一个劲地期待爬进别人的围城，而决定在自己的城中安心驻扎时，你就能够享受当下的快乐，活得从容而自在。

坚持每日复盘，你才能持续成长

01

小依前一段时间跳了槽，入职一家小型创业公司，老板人很友善，远见卓识，格局很大，有着非常清晰的规划，公司的工作氛围也非常融洽，唯一让小依苦恼的是老板让每个员工每天都要写一份简单的工作总结，每一周都要进行工作复盘。

小依皱着眉和我抱怨：“我平时做事不是很有条理，但都能及时完成，让我每天都写工作总结简直就是在折磨我！你说我该怎么办才好？”

我回她：“我不觉得这是坏事，工作总结看起来虽有些枯燥无聊，但真正用心去做了，你就会得到不少收获，日子久了，你也会在工作上长进不少。”

小依还是有些不悦，但工作的事她不愿敷衍了事，所以还是认真地按照老板的要求去做了，两个月过去后，她再和我谈起这事，态度完全变了。

她神采飞扬地说："我每天都进行工作总结，找出工作中存在的问题和自身的不足，然后努力改正，效果很不错。每周的复盘能让老板看出我在业务这块的能力，他会根据我的情况及时地调整我的工作，最近他让我接手了新项目，还夸我长进了不少。

"虽然我过去很反感工作复盘，但回过头看，我真应该感谢自己那么认真地完成了每一天的总结，它使我得到了锻炼，如今我的能力真的有了不小的提升。"

我看到她的变化，也感慨道：**"合理的总结真的是必要的，好的复盘能使人进步和成长。"**

02

何为复盘？复盘其实是一个围棋术语，指的是在下完棋后复演该盘棋的记录，以此检查对局中招法的优劣和得失关键，现在大多是说总结自己的工作，找出问题、得到经验，从而更有效率地做好后续工作。

这和我们上学时使用的"错题本"效果类似，我们通过复盘工作中存在的问题，就可以更清楚地知道下一个阶段怎么走，该攻克哪些难关，并能通过失败总结经验教训避免反复失误。

我上学时不太重视错题集，很多错误都是重复犯了好多遍，最后考砸了才总算记住。工作后，我也曾一度反感周报、月报、年报制度。

按照公司规定，每个职员都必须在周五交给上司一份一周的工作报告，其中的内容包括这周工作的完成情况，以及对下一周的工作安排和计划等。

除了这些，周报里还有一项内容是提出自己在工作中发现的问题，并提出合理的解决方案，这让大部分同事颇为烦恼。

起初我非常认真地填写每周的工作总结表，但越往后越发反感起来。因为工作时间久了，工作内容基本没什么变化，以致每周写出的工作总结都大同小异，很是枯燥。

有些同事写得不耐烦了，每到要提交时，就偷工减料，将上一周的总结简单修改一番就上交了，很是敷衍。受此影响，我也慢慢对工作总结失去了热情。

03

但同事周清依旧用心地写着工作总结，让大伙头疼不已的月报她也认真对待，写得有条有理。

很多人都觉得她是闲得没事干，尽做一些无用功，同事也私下劝她随便写写就可以了。

“大家都是这么写的，不费什么力气，也节约时间，你那么用心地写干吗，公司又不会因为你月报写得好就多发你奖金！”

她听到这些劝告也只是笑笑：“在我看来写周报、月报就相当于复盘，不能敷衍了事。而且我不嫌麻烦，也不觉得枯燥，只要是工作上的事，我都会认真对待的。”

大家劝不动她，只好随她去了，在大家眼里，她多少有些不懂变通，然而之后她却让我们刮目相看。

在月度总结会上，上司重点表扬了周清：“周清是我见过周报、月报写得最用心、最认真的员工，她的工作总结一点都不敷衍，每周都有新的变化。而且她提出了一些工作中存在的问题，并给出了相应的建议，其中一些得到了领导们的认可，这点值得鼓励！最重要的是，周清工作非常出色，业绩突出，是这个月的优秀员工之一！”

大家看到周清在职场上成长很快，便向她取经，周清笑着说：“我的诀窍就是认真地对待工作，每天进行复盘，反思自己工作上存在的问题和不足，并深度思考、做好规划，争取一天比一天更近一步。虽然我有些笨拙，但我可以坚持努力，不断提升自己。我总是这样告诉自己，别担心、坚持下去，认真对待工作的人一定会有所收获的。”

04

周清的话让我明白一个道理，对工作及时复盘是必要的，千万不要觉得它枯燥乏味。通过总结和经验，会得出很多结论、找到很多方法、日积月累。你必定收获不少，得到进步。

正所谓“吾日三省吾身”，复盘不仅适用于职场，也适应于日常的学习和生活。及时的复盘，找到自己的不足、总结经验、提升认知，并努力克服难关，那么今天的你都会比昨天变得更好一点。

当然，复盘不只是简单的回顾和总结。好的复盘，是需要你进行深度思考并不断更新自我的，如果你认真并坚持这样复盘，就能把差变好，让好更好。

海明威曾说：“真正的高贵，是优于过去的自己。”

很多人都渴望快速成长，恨不得一天之内就蜕变成最完美的模样，可这并不现实，罗马不是一日建成的。

每天对自己的学习、工作与生活进行复盘，弄清自己存在的不足和失败的原因，找到下一阶段的目标。不断努力，持续提升自我，日子久了，你的实力会越来越强。生活也是如此，坚持复盘，不断总结失败与教训，你会避免犯更多的错误，走上那条真正适合自己的道路，活得越来越通透。

每一天的自己，都应该比前一天更好、更进一步。每天复盘、反省、思考、改变、付出行动。日子久了，你也会慢慢走到你渴望的远方，成为你期待成为的那种人。

道理懂得再多，不行动也没用

01

有天，我的微博收到这样一条私信："我是一名大一的学生，我知道自己不努力就不能成为一个优秀的人，但我怎么样都打不起精神来。道理我全懂，却还是不想去做，你能给我一些建议吗？"

从他的留言中，我看出了他的迷茫和焦虑，于是回复他："你既然道理都懂，那还需要我提什么建议？好好努力，行动起来吧，道理懂得再多，做不到都是枉然，你自己不行动，那么别人提再多的建议也帮不了你。"

这位朋友所处的迷茫状态，大概就是人们常说的"懂得了那么多道理，却还是过不好生活"——很多人都曾经为此感到迷茫困惑，仿佛陷入了泥潭之中，无论怎么挣扎，都无法摆脱困境。

02

你明明知道要学好英语就得多背单词，多用英文发音，培养语感、多做练习，可你就是做不到。一本不算厚的英语四级单词书，你说要一个月背完，却始终停在了“abandon”。于是你抱怨学英语好难，感觉过四、六级彻底无望。

你明明知道要保持好身材就得坚持锻炼、控制饮食，可你就是无法每天健身，连跑步的时间都挤不出来。明明已经有了双下巴和肥肚腩，却还是戒不了零食、奶茶和夜宵。你用手机下载了很多运动打卡 App，还花钱买了很多健身器材，办了健身房的年卡，甚至还请了私教，但你就是不运动不控制饮食。于是你对着体重计叹气，觉得减肥成功的日子还遥遥无期。

你明明知道提升自我的途径是不断学习，可你就是不肯努力，面对未来始终有着焦虑与无力感。明明买了许多本经典书籍，报了很多个线上的课程，花了很多钱在学习技能这件事上，但你就是没长进，不好好学习，也不想着改变。有很多方法供你选择，而你一个也没坚持下来，于是你越努力越迷茫，看着别人奋起直追，心里慌得不行。

你明明知道该怎么做，却还是不行动、不努力、不坚持，你说这样的你又怎么可能取得成绩，获得渴望的结果？

03

很多人迷茫、焦虑、无措的原因不是他们不懂得该怎么做，而是他们明明知道要走什么路、要付出什么努力，却还是做不到。

他们以为他们什么道理都懂了，实际上他们并没有真正领悟所谓的“道理”，他们最大的问题是光知道想，不去做，不肯付出努力，甚至连一点行动都没有。

知易行难，或许是我们每天都在面临的一道难题。

一年前，朋友小涛曾和我谈论他伟大的理想抱负和他未来的事业蓝图。他信誓旦旦地说要去创业，要在两年内开一家属于自己的公司，然后赚大钱、买豪车、买房子……

他在谈论自己的创业梦时，是那么的意气风发：“将来我一定会成为一个了不起的老板、一个万众瞩目的企业家，或许有朝一日我也会成为乔布斯那样伟大的人物，谱写自己商业帝国的恢宏篇章……”

说到最后，他问我：“你觉得我会成功吗？”

我很现实地对他说：“有自己的梦想很好，不过创业可不是闹着玩的，你详细的商业规划吗？你要开一家什么公司，往哪个方向发展？你选好行业，找好合伙人，了解相关政策做好市场调查了吗？”

他回我：“你说的那些我都仔细想过了，大体方向我都有的。我看了很多经济学、管理学和商业类的书，懂得了不少创业的方法，还向很多创业的学长取了经，万事俱备、只欠东风。一年之后，你就看我的成就吧！”

如今一年已过去，小涛迟迟没有创业，没能做出一番成绩来。

他叹息地说：“现在是互联网寒冬了，行业不景气，个人创业很艰难。过去我真是太天真了，以为懂得了商业知识和创业途径，就真能开公司赚钱了。事实是你就算懂得再多，不行动一番，也只是空谈而已。”

04

有这样一句诗：“纸上得来终觉浅，绝知此事要躬行。”

我深以为然，就像上学时你认真听了课，就以为掌握了知识，可等到考试做题时，才发现那些你脑子里的知识并没法帮你解决所有的问题。因为你只是知道而已，你并没有真正掌握，所以做不到融会贯通、举一反三。

学习如此，生活亦然。你学过很多东西，听过很多道理，很多时候都只是知道而已，你并没有真正地理解，也没法真正做到，所以你才会感到迷茫，觉得自己陷入了困境、步履维艰。

我曾经在职场上结识一个前辈，他工作十载，积累了大量的经验，因此在行业里做得风生水起。

有一次，我在工作上出了点差错，很是头疼，于是向他请教，他问我：“你觉得你在工作上真正掌握方法了吗？”

我点点头：“基本上吧，什么道理、方法的我都懂，我可能就是没有经验而已。”

他笑笑说：“你们年轻人总是以为自己什么都懂，可在我看来，你们似懂非懂，就跟一张白纸似的！道理懂得再多，也不如动手去做，很多事情需要的不是方法，而是你的经验！懂得多，不如做得多，光说不做一切都是空的，真正的道理都是你行动后得出的经验教训啊！”

前辈那番话点醒了我，让我不再过分地迷信什么大道理和方法论。如今的我清楚地知道，与其空谈一堆有的没的，不如踏踏实实做事，然后总结经验教训、不断行动、持续努力。

毕竟，实践是检验真理的唯一标准，没有付出行动，你就算知道再多大道理也是枉然。

知道不等于做到，做到不等于成功，你的梦想不该只是空谈。

知道再多道理而不行动并不能带来改变，知行合一才是王道，下定决心，此刻就采取积极有效的行动，持续付出努力，才能真正改变一切。

Part 2
生活虽然平凡，但惊喜无处不在

生活总要有些期待，才能满怀欣喜地走下去

01

朋友最近状态不好，连续好几天上班迟到，工作上又出了差错，被上司一顿臭骂，还被扣了奖金。他为此感到憋屈烦闷，无论做什么都提不起兴致，工作没有劲头，对生活也缺乏热情，总是板着一张脸，逢人就诉苦抱怨。

当他愁眉苦脸地向我倾吐一腔苦水时，我关心地问他："你最近真的过得很糟糕吗？"

他点点头，眉头紧锁："我现在的日子枯燥无味，就像一潭死水，毫无生机。唉，我都不知道自己该怎么办了。"

我安慰他说："你别再这样沮丧下去了，生活总要有些盼头才能走下去。你找点乐子，多做一些能让自己高兴的事情，给生活和自己一点希望。慢慢来，日子总会越过越好的。"

朋友表示不解："可我目前的生活暂时没什么盼头啊。"

我微笑地回他："怎么可能没有？你期不期待周末？期不期待看自己想看的电影？希不希望来一场说走就走的旅行？想不想买喜欢的衣服鞋子？最简单的，你想不想在上了一天班后，洗个热水澡，然后舒舒服服地躺在床上，一睡睡到大天亮？无论什么盼头，你总归是有的吧，抓住那些盼头，给自己一点希望，努力让自己开心起来。那么，生活即便再艰难，也会渐渐变好的。"

朋友听完我这番话后，若有所思，笑着说了一句："好，我试试。"

02

朋友尝试着改变，他在下班后去自己喜欢的小店吃寿司，去附近的公园散步，到人少的街道夜跑，周末的时候他放松地睡懒觉，追着自己喜欢的连续剧，和朋友聚在咖啡店里聊天，参观城市的美术馆和博物院，还到书店里安静地看了一下午的书……

这些都是能让他感到轻松、自在和舒服的事情，虽然它们看似微不足道，但也是生活的盼头。朋友在枯燥忙碌的工作之余，想着这些简单但愉快的事情，不知不觉就有了动力。上班再也不会感到烦闷，下了班就感到惬意自在，生活慢慢地往好的方向发展起来。

再一次见面时，他神采飞扬，脸上洋溢着满足喜悦的笑容："生活果然还是要有些盼头，我计划利用假期去外省旅行，去邂逅崭新的风景，并在旅途中遇见一个未知的自己。虽然我的旅行还没开始，但我光是做计划就已经很开心，生活也不缺乏乐趣和动力了，每天都有着充实的幸福感。”

轰轰烈烈的欢喜或许值得期待，但在生活中那些小确幸和满足感更为重要。人要想不枯燥无聊地活着，就得学会给自己一些盼头，一点念想，努力让自己得到满足、感到快乐，这样才能一直笑着走下去。

03

我曾经历过一段没有盼头、烦闷又沮丧的日子。那是高考结束之后的半个月，虽然成绩还没出来，但我心里有数，觉得考得不太理想，既辜负了家人和老师的期待，也辜负了自己长久以来的坚持和努力。我表面看上去虽然云淡风轻，可心里虚得很，既彷徨又慌张，无论做什么都提不起劲，感觉生活特别没意思。

在那段灰暗无光的日子里，我成天窝在家，不跟别人联系，也听不进家人的劝告，浑浑噩噩地度日，无所事事地躺着、坐着，做各种无聊的事情，挨过一天是一天，邋遢到连镜子都不敢照，整个人颓废又消沉。

直到高考成绩公布，虽然分数离我理想中的目标有些差距，但还算是勉强。家人和老师都安慰我，连朋友们都觉得我不该沮丧，要向前看。在他们的支持和鼓励下，我对生活有了新的盼头，那就是去外省上大学，开始崭新的生活。

从考砸的阴影中走出来后，我做了很多让自己放松愉悦的事情，比如看小说、听音乐、看电影、骑自行车、旅行。我向往着大学生活，并着手处理各类事情，那些美好的盼头让我不再得过且过，而使我变得认真积极，舒服自在。

一想到未来要到陌生的城市去生活，遇见一群陌生有趣的同学，度过青春美好的四年时光，我既兴奋又激动，无论做什么都面带微笑，感觉惬意极了。

如果没有这些盼头，或许我的生活会一成不变，一直糟糕沮丧下去。我会活得压抑难过，一点儿也不痛快。

所以，生活还是有点儿盼头才好。无论是什么，只要能带给你光明和希望，燃起你对生活的热情，那么就都是好的。

04

我身边的同事们在感到压力时也是带着盼头解压。小林连续开了三天的会议，盼头是下了班就回家亲自下厨，做几道可口的菜肴犒劳自己；亚儿最近参与公司的新项目，忙得焦头烂额，她的盼头是周末好好待在家里休息，睡懒觉、追热剧，怎么舒服就怎么过；东东做的项目难以推进，他挨了上司的批评后依旧提心吊胆，他的盼头是周末去吃自助餐，大碗吃菜、大口吃肉，用美食安慰自己。

有了这些盼头，他们就有了希望。即便工作再辛苦、压力再大，日子再煎熬，他们想到那些温暖闪亮的盼头，就有了动力，觉得只要自己挺下去，一切都会好起来，那些美好绚丽的日子都在不远处等着他们。

这样一想，还有什么压力不能扛？还有什么烦恼丢不掉？还有什么糟糕的情绪无法排解？

细微、朴实但美好的盼头就像小时候父母藏在抽屉里的糖果，有时一周才能吃上一次。但只要想到能吃上甜甜的糖果，那么漫长的一周就不再难熬，而值得期待。

有了这些盼头，哪怕身处于一片漆黑的荒漠之中，你也会远远地看到那抹希望的光亮。你带着对未来的向往和憧憬，慢慢走着，眼前的风景会从荒芜渐渐变成繁华。走着走着，你就会随遇而安了。

日子再艰难困苦，生活总是要有些温暖美好的盼头，这样，你才能开心地发出笑声，一路走下去。

每个瞬间，都有无数成年人在崩溃

01

小欧在深夜给我发来消息说：“夏至，现在的我感觉脑袋很疼，浑身难受，简直快要崩溃了。”

我感到非常纳闷，在询问一番后，我才明白他为何崩溃。原来，小欧最近一段时间都在忙公司的一个项目，上司非常看重这个项目，于是让他们加班加点地出策划做方案。结果甲方接连否掉了他们做出的好几个方案，上司不愿放弃，逼着小欧全组熬夜赶新方案。他心里不情愿，却还是得忍住委屈埋头干活。

就在不久前，他才从公司回来。连续几晚吃不好、睡不够的他只想躺在床上好好休息一下，谁知这时上司又给他发来短信，催促他修订新方案的细节，还让他准备会议需要的报告和PPT。他唯唯诺诺，虽有怒火，却不得不忍耐。

他挣扎着从床上爬起来打开电脑工作，却发现自己双眼布满血丝，头突然疼得厉害，浑身无力，整个人就像透支了一般。

然而想到繁重如山的工作和咄咄逼人的领导，他不得不忍着头疼坚持工作。直到他再也熬不下去，才在深夜给我发消息，想让我安慰濒临崩溃的他。

我很心疼，也理解他的处境，却不能帮他做些什么，只能以朋友的身份温和地安慰他道："如果你实在不舒服就别勉强自己了，毕竟还是身体最重要。工作做不完你之后再做就是了，和上司解释清楚，相信他也不会为难你的。不管怎样，你都要照顾好自己。实在受不了就找我倾诉，我会做你的树洞。"

我发完这条消息后，小欧就没再给我回复。又过了很久，我才看到他发布的朋友圈，他说："作为一个成年人，深夜即使快要崩溃，也要忍下去继续努力。"

02

翌日，我询问起小欧，他露出微笑地说："没事，都过去了。昨晚我真的快要崩溃了，还好我坚持下来了。工作上的事我处理好了，不管怎样，今天又是崭新的一天。"

看着重振起精神的小欧，我想起这么一句话：成年人的崩溃，只能在深夜里痛哭，第二天又得咬牙强撑，继续努力。

为了生活在大城市打拼奋斗的年轻人们，没有谁是真正过得无忧无虑、畅快悠然的。

前同事陈欢家境贫寒，但她十分坚强，从大学起就靠打工兼职赚自己的生活费，还拿了四年的奖学金。在别人还依靠父母买名牌衣物、四处玩乐时，她省吃俭用、开源节流、用功学习、努力打工，毕业不久就入职一家大公司，过起了经济独立的生活。

然而，陈欢这些年过得并不容易，她曾在几座大城市漂泊，换过好几份工作，住过最简陋的地下室。为了省钱，她吃过很多馒头和泡面，舍不得买化妆品和新衣服，住得很偏，通勤需要三个半小时，还曾为了工作不眠不休、彻夜加班……

我和陈欢聊过几次天。谈及往事时，她脸上总挂着一抹淡淡的忧伤，眉心微蹙地和我说："我在最苦最难的时候，曾经在深夜崩溃到大哭，一整晚都睡不着。那时候我特别穷，在给父母汇钱和交完房租后，我穷得连一块钱都得精打细算地花。工作又苦又累，老板不通人情，同事又不好相处，我生活得憋屈郁闷。每当熬夜加班时我身体都特别难受，但只能选择坚持。"

"我曾经崩溃过无数次，很多人都说我一个女孩子本不该那么拼命的，可是在生活面前，谁又会照顾和宽容我这个女孩呢？我也不懂自己是怎么咬牙坚持到今天的，我只是在濒临崩溃的时候握紧拳头再努力走下去罢了。别人可以认输，但我不可以。因为我没有背景，没有后台，我就只能依靠自己。"

如今陈欢辞了职，正与几位志同道合的伙伴商量创业的事情，陈欢说创业之路或许会比上班更加艰辛困难，但她不怕，再辛苦、再煎熬、再崩溃的时刻她都挺过来了，还有什么好担忧的？

03

现在年轻人的崩溃，很可能不是放声大哭或大吵大闹，而是一声不吭地卸下身上所有的伪装，摘下那副看似坚强的面具，然后将委屈心酸悄无声息地释放出来。

有时候这种崩溃甚至不需要别人安慰，自己只要痛痛快快地哭出来，然后泡个热水澡再睡个好觉，第二天醒来，就又恢复元气了。

我公众号后台就常常收到很多读者的留言，他们有的是面临高考的学生，在大考的压力下心烦意乱，一度崩溃。他们给我留言时总说："怎么办？这次模拟考试我又考砸了，难过得不想念书了。"

他们有的是在毕业阶段面临人生抉择的大学生，给我留言："这段时间我常常失眠，焦虑不安，不知道自己未来究竟选择哪条路才好。家人逼迫、学校施压、同学竞争，我压力大到崩溃，每晚都想大哭一场……"

还有一位读者是已婚妇女，事业不顺心、孩子不听话、老公又没担当，她一天到晚都忙得不可开交，连休息喘气的时间都没有，一度沮丧到得了抑郁症。她曾给我留言说："我现在的生活过得一塌糊涂，我离完全崩溃应该不远了。”

这样的留言有很多，我有时候会耐心回复，有时因为事情太忙无法一一安慰他们。等时间一长，看到当初那些以为自己会崩溃的读者又发给我的留言，我才发现他们每个人都挺了过去，哪怕曾经崩溃过，如今又重新燃起生活的希望，努力向前了。

04

考砸过很多次的学生经过刻苦努力，终于还是拿到了不错的成绩；站在人生分岔路口的毕业生勇敢地做出了选择，如今正在追梦途中一路奔跑；那位差点崩溃的家庭主妇，重新找了工作，学会调节情绪的她正在努力平衡家庭与工作的关系……

想想在大城市漂泊打拼了这么久，我也曾经历过大大小小的挫折、打击、失败和磨难。我受过骗、上过当、吃过亏、失望过、沮丧过、痛哭过，也崩溃过。在我最艰难的时候，我无数遍质疑自己，仿佛置身于深不见底的黑暗之中，看不到一丝希望的光芒。

我虽然崩溃了那么多次，但每一次都没有彻底绝望，每一次都是握紧拳头，咬紧牙关又继续前行了。

回首过去，我走过的道路，或曲折，或坎坷，或顺畅，或艰险，留下的痕迹或深或浅，但每一个脚印都是我踏踏实实走出来的，蕴含着我数不清的汗水和眼泪。

在冰冷残酷的成人世界生存并不容易。每一个心怀梦想、不愿放弃的年轻人都是吃了很多苦头，流下了许多汗水和眼泪才跌跌撞撞走到今天的。

生活不是童话，要看到黎明的曙光，你就必须熬过最漫长的黑夜和最寒冷的冬天，走过无数泥泞坎坷，踏过荆棘丛生的小径，你才能抵达梦想的远方。

在那之前，你要承受住压力和打击，在每一次崩溃后，都要振作起来，咬着牙，以不认输的姿态继续前行。

生活少不了艰难险阻，少不了挫折打击，也少不了崩溃的时刻，但我们在崩溃时，依旧没有选择放弃。我们总是默默地哭泣，然后将所有委屈无奈藏进心底，然后继续挑灯夜战、熬夜加班、努力工作，用行动与生活抗争，用倔强的态度笑对人生。

经历过大风大浪的人都会明白：成人世界里的崩溃早已是家常便饭。今天深夜你痛哭一场，明早你就又能扬起笑容，恢复元气，带着一腔热血一头扎进生活的海洋中继续战斗了。

困扰你的不是麻烦，而是你害怕麻烦的心

01

前一周，我在网上买了一件东西，几天后就收到了快递的取件通知。然而我看着短信上让我取件的地址纳了闷，这个地址看起来和我住的地方很像，但实际离我很远，骑车过去都得半个小时。

我嫌麻烦，又不熟悉那边的情况，于是就将这事暂且搁置，并在心里安慰自己：如果我不去取件，快递员会不会注意到他们送错地址了呢？这么想着，我便期待着他们能够主动将快递送到我的住处，而不需麻烦我东问西问了。

结果几天过去，快递还在错的地方等待着我取件，系统短信甚至还发来通知，让我尽快去取。无奈之下，我只好向卖家沟通，说了快递送错的情况，让他们帮忙协调一下，卖家很快给我回复：“好的，不过我这边顾客很多，您需要耐心等待。”

就这样又过去了两天，快递还是没什么消息。我只好去取快递的地方问了工作人员，他和我说："你直接跟派送的邮递员发短信说明情况就好，一点都不麻烦的。"

在他的提议下，我迅速给那个邮递员发了短信，不到三分钟，马上收到了他的回复："非常抱歉，我这就去将您的快递送到正确的地址。"

不到一个小时，我就收到那个"姗姗来迟"的快递。

02

和朋友聊起这事，我感慨地说："我这个人做事很怕麻烦，所以总是缩手缩脚，能拖就拖。我怕麻烦商家，怕要和他解释一大堆话；我怕麻烦快递员，怕他不搭理我，让我东跑西跑、瞎折腾……其实很多事情都没有我想象中那么麻烦。你越是怕麻烦，事情就变得越复杂，最后成为困扰你的大麻烦。"

朋友赞同地说道："的确如此，我和你一样怕麻烦，不愿意麻烦别人，处理事情来也是能拖就拖，特别纠结。明明有着最简单最快捷的方法，我却偏偏因为怕麻烦而绕了远路，最后辛苦受罪的还是自己。"

朋友租了一个四室一厅房子里的小单间，虽然房租便宜，但她并不满意，因为屋里采光不好，各种设备还不齐全，和室友关系也不好，常常为了公共区域的电费分摊吵得不可开交。最可怕的是房里只有一间卫生间，每回她想使用卫生间的时候，都得排很久的队，这让她感觉特别不畅快。

她很早就打算搬出去，另租一套合适的房子了。但无奈旧的合同签了半年，她不想支付违约金，只好将就地住着。

本来她可以在半年的时间里去找新的房子，但她总是纠结犹豫，又是担心中介坑人，又是害怕搬家麻烦，觉得自己什么事情都要操心，于是就将这件事搁置。等到房租快要到期时，她才清醒过来，赶紧找中介、查房源、看房子、签合同，然后筹划搬家。

03

朋友说："我真的觉得找合适的房子很麻烦，但实际找起来，也没有那么困难。我只用了一个星期就找到了不错的房子，搬家也没我想象中那么困难。我找了人帮忙，虽然我的东西很多，但半天也足够了。"

看着朋友现在活得那么悠闲自在，我不由得感慨一句：**"做事不要怕麻烦，遇到了问题就及时处理，不要拖也不要等，很多事情都没那么复杂困难。大多数情况下它们都是我们的犹豫、纠结和担忧才让事情变得那么令人头疼的。"**

我过去就是一个很怕麻烦的人，明明有在比赛中获胜的信心，我却觉得报名流程太过繁琐，嫌麻烦就没报名，最后只能眼巴巴地看着身边的朋友拿奖；在大学时明明想加入学生会，我却嫌新生需要面试三次太过麻烦，就直接放弃，最后只能呆呆地看着别人在学生会里参加活动提升自己；明明有充足的假期来一场轻松愉快的旅行，我却嫌抢车票、做攻略、找旅店麻烦，于是想着想着就错过了许多长假；明明想着学习一门乐器，我却嫌挑乐器、找老师、上兴趣班和练习乐器麻烦，于是每次有才艺展示时我就只能作为观众看着多才多艺的朋友进行演奏……

想起蔡康永的那句话：**“人生前期越嫌麻烦越懒得学，后来就越可能错过让你动心的人和事，错过新风景。”**

人真的是越怕麻烦，就越容易招惹麻烦，哪怕是一件并不麻烦的事情，都会在你惧怕麻烦的心态下变得复杂又困难。

04

同事小徐曾和我说过：“无论做什么，你都不要害怕麻烦。最大的麻烦不是麻烦本身，而是你害怕麻烦的心态。”

小徐从不害怕麻烦，遇到问题他不会逃避，而是迎难而上，努力找出解决的方法。哪怕遇到的客户再难沟通，他也会心平气和、耐心十足地进行交谈；无论手上的项目多么复杂，他都会想方设法地攻克难关。为此他在公司里表现优异、能力突出，同事们都称赞他，领导也很信任他，常常委以重任。

而我也在他身上学到很重要的一门课，那就是：遇事别胡思乱想，别以麻烦的心态看待难题。不逃避、不拖延，遇到难题就努力攻克，不把麻烦当成麻烦。多花时间思考和行动，那么所有麻烦都会迎刃而解。

在充满麻烦的生活里，我们都要学会与麻烦相处。就像村上春树所说的那样："每次遇到麻烦我就总这样想，先把这个应付过去，往下就好过了。"

年轻人，不要总是嫌麻烦、怕麻烦、把麻烦挂在嘴边。很多事情真的没你想象中那么麻烦，你只需要去行动，而不是待在原地胡思乱想。

很多时候，困扰你的不是你眼前的麻烦，而是你那颗总是惧怕麻烦的心。

那些一遇到麻烦就想逃避，就想搁置一边听之任之的人，是不容易过好生活的；那些一遇到麻烦就绕远走开的人，迟早会在前路撞见一个接一个更大的麻烦。到那时候，麻烦会成为大山一样的障碍物，挡在你必经的路上，让你无处可去。

想要成为一个被人喜欢的、温柔的人

01

新年和朋友聊天时，我问她对于这一年有什么期待。她不假思索地回答：“希望我能在新的一年里，成为一个温柔的人。”

我有些不解：“你脾气不算暴躁，说起话来也很轻柔，本身就已经是一个温柔的人了，还要怎么温柔呢？”

朋友笑着说：“你看到的不过是我展现出来的一面罢了，我还有另一面，暴躁、焦急、烦闷，和温柔根本扯不上任何关系。很多时候我都会在别人面前伪装，将那个讨厌的自己隐藏起来，其实我一直都清楚，自己不是一个温柔的人。”

“可是，为什么要纠结于做一个温柔的人？保持自我不好吗？”我还是不懂她的想法。

朋友一笑，举着手机给我看她珍藏的一张照片：“因为，我遇到了一个特别特别温柔的人。”

02

照片里那个留着薄薄的刘海，笑得干净纯粹的男孩是朋友的意中人。虽然他们还没有发展到恋人的地步，但朋友已经下定决心要好好追求他了。

“你知道吗，原来世界上真的有人是天生温柔的。就好比他，他一笑我就感受到春风拂面。他一朝我招手，我的心就软了。他性格好、声音温和、善良又大方、细致又体贴。更关键的是，他不仅温柔，内心还很强大。有他在，好像什么事情都能解决，一想到他我的心就变得柔软起来……”

朋友和我谈起那个人，语气里满是爱意，连眼睛都冒出了闪耀的星星：“因为他，我也想丢弃我原本的戾气，活成他那样温柔善良的人。”

聊天末尾，朋友和我感慨道：“夏至，你知道吗，要成为一个真正温柔的人并不容易。那些能够一直保持温柔的人，大都是有着良好的家境，有关爱他们的亲人和一帆风顺的成长经历，就像他一样。”

朋友所爱着的那个他，出生在一个条件优渥的家庭里，是家里的独生子。他的父母都是颇有教养的文化人，把他宠得既优秀又善良。据说他的父母二十多年都没在他的面前争吵过，也从未让他的青春期留下任何不堪的记忆。从小到大，他从家庭中感受到的，一直都是温暖的关爱和陪伴。

在这样和谐幸福的家庭成长，他能成为一个温柔善良的人，自然也就不足为奇。

03

曾有人和我说，温柔其实是一个人最美好的品质，它甚至要比“有趣”好得多。

毕竟，世界上有趣的灵魂千千万万，但一个能温柔得让你温暖舒服的人却少之又少。你或许会遇见许许多多性格迥异的有趣的人，却很难遇到一个一直待你温柔的人。

我很喜欢和温柔的人相处。我所说的“温柔”，不是伪装出来的。装作温柔不难，但要每时每刻都保持温柔就无比艰难了。

所以，我每次遇到那种骨子里带着温柔气质的人时，总免不了高兴，觉得能和他们相遇并成为朋友，乃是一种难求的幸运。

在那些温柔的人面前，我真的可以很放松地说话，不用顾及太多，可以以自己最自在舒服的方式去与他们相处。哪怕只是和他们简单地聊天喝茶，我感到的惬意也能使我心满意足。

04

那么，什么才是所谓的温柔？

我认为，真正的温柔是一种美好纯粹的品质，也是一种自然而然、由内而外散发出来的独特气质。**温柔的人都很善良，他们内心强大、淡定、从容，知世故却不世故，懂礼仪又通人情，不做作也不矫情，**

不懦弱也不胆怯，情感细腻又大方聪颖。

他们能够体恤别人的苦和难，能够站在别人角度看问题，既体贴人微又诚恳质朴。和他们在一起时，你会自然地露出平和的笑容，感受到惬意与自在。和他们相处，你不会感到任何不悦，只会让你的心变得平静柔和。

温柔就是那个人让你感觉一切都刚刚好。

如此说来，成为一个温柔的人实在太难了，若不是天生温柔，那就只能后天努力去学习温柔了。

而其中最简单的方式，莫过于遇见一个你真心喜欢的，想要守护的人。那个对的人会让你自然而然变得温柔平和，就像是一种魔法，让你的世界里只留下温暖治愈的爱。

现在很多人觉得一旦长大了就会变得冷漠，但其实，真正的长大是变得温柔。不管世界如何坚硬，都选择温柔地活着。

很多人抱怨现实冰冷，却忘了自己一直被温柔包围着：家人的呵护，老师的鼓励，朋友的陪伴，恋人的关怀，就连陌生人有时也会给你体贴的问候和温暖的拥抱，所有的爱与善意都是这个世界的温柔，它们就像闪烁的萤火虫，哪怕微茫，却珍贵美好。

纵使历经风雨，身处沟壑，也要内心坚定，从容不迫，温柔地与这个世界相处。

愿你我都能成为被人喜欢的、温柔强大又善良的人。

渴望变得更好的我们，都要走更远的路

01

有读者在微博给我留言说:“夏至，你写了那么多篇励志的文章，你不觉得腻吗？你就没怀疑过努力的意义吗？”

我给他回复道:“我的确曾在迷茫焦虑的时候质疑过自己的努力，但现在的我很清楚，为一件自己真正喜欢并渴望做好的事情而努力，哪怕你最后一无所获，也是值得的。如今，我不再怀疑努力的意义，正是因为努力，我才于千万人中遇见了喜欢我的读者们。”

如今这个时代，“努力”这个词已经被很多人反反复复地提过了，以至于大多数人开始对“努力”产生抗拒，觉得这个字眼又俗又空乏，甚至看到“努力”二字就会不胜其烦，觉得那只是不值一提的鸡汤。

比起自身脚踏实地的“努力”“拼搏”“奋斗”，现在的人们仿佛更热衷于“卓效锦鲤”“运气快速”“速成高能”这些厉害又带能量的词。尽管如此，我依旧相信努力、喜欢努力，并坚持努力。

因为我今天的收获，都归功于过去自己付出的努力——没有昨日曾经努力学习、工作、生活的自己，就没有今日这个积极向上、充满力量的我；正因为持续不断的努力，我才穿越了人山人海，走到了喜欢我的人面前。

02

无论是谁，无论有着怎样的背景，只要你有真正的梦想，渴望实现它，并为此付出了行动，坚持努力，那么你也会一步一步更靠近梦想彼岸。

作为一个小镇青年，我长相平凡、家境普通，没背景、没后台，也没什么特别的才华。在高中时代，我便是混入人海就很难找到的路人甲般的存在。我深知自己身上除了努力之外，就很难找到别的闪光点，所以我学习格外刻苦。虽然不情愿地选了理科，但我还是努力地学着数理化。最后高考成绩差强人意，但也考上了外省一所不错的大学。

大学我学的是工科，与化工相关的专业。虽然我更喜欢写作，但还是认真地去学习专业知识、背繁复的物理公式、研究有机物的组成、做各类化学实验、处理各项实验数据——读者们都很难想象我是一个成天穿着白色实验服，在实验室与一堆化学器材和药剂打交道的工科生。毕竟在很多人眼里，写作与化工根本就是风牛马不相及。

我只能说：无论是谁，无论有着怎样的背景，只要你有真正的梦想，渴望实现它，并为此付出了行动，坚持努力，那么你也会一步一步更靠近梦想彼岸。

我曾经很努力地写作，却也经历一段很长的无人问津的时光。我在高考结束后就尝试写作，最初是在网站上连载长篇小说，后来又开始在微博、微信公众号上发表文章，还陆陆续续运营了好几家自媒体平台。在这么多年里，我数不清自己写了究竟有多少万字，很多时候，我都是在繁忙的生活中挤出时间，争分夺秒地码字的。有时一天任务太重，我就要忍住困意熬夜写稿，有时一写便写到了凌晨。可是我写的小说没有多少点击量，发布的文章也没多少人阅览，我就像一颗黯淡无光的星辰，找不到存在的意义。

我质疑过自己的能力，也怀疑过努力的意义，甚至一度想过要放弃，觉得自己耗尽心血写的几百万字都是没有价值的废字。自己辛辛苦苦坚持那么久，到头来一点收获也没有——一切的一切都让人难过、颓废甚至崩溃。

说实话，我曾在放弃的边缘徘徊了很久很久，那段时光是压抑而煎熬的，所幸我后来想通了：写作于我是一条充满希望与光亮的出口，我热爱写作、喜欢表达、热衷于分享，也渴望用文字传递正能量。哪怕毫无收获，我也心甘情愿。于是我坚持了下去，不再那么看重所谓的“出名”“成功”“有人欣赏”，而把写作当作是我平凡生活的一部分。

再后来，当我的努力积累到一定程度时，好事随之而来——我的文章开始被《人民日报》、新华社等诸多主流媒体平台转载。我也开始被越来越多的人看到、喜欢并关注，后来更是顺理成章地和网站签了长篇小说合作，并与出版公司签约出版实体图书，也算是实现了多年前许下的出书梦。

回顾这些年的经历，我感慨最深的还是那点：努力，没什么特别的。我只是因为坚持努力，一路披荆斩棘走到现在，才收获了一些鲜花和肯定。

03

《奇葩说》有一期的观点辩题是：“‘Ta 真的很努力了’是一句好话吗？”在我看来，努力虽然很俗套，但它确实值得肯定。

我很赞同庞颖的观点，她说：“我们都不愿意承认自己努力，因为承认努力代表自己不够聪明。我们往往把努力和能力放在了对立的位置。实际上后天的努力完全可以提升能力。我把努力当成是好话，因为我懂得努力的能量，更需要努力的力量。”

“任何拼尽全力努力的人，都不会说努力是条及格线。拼尽全力后，你不会在乎努力是好是坏，也不在乎姿势是否优美。”

或许很多人都觉得“努力”这个词显得自己很笨拙，但我们不得不承认，绝大多数人都是平凡普通的。你我不是天生聪明，也没有特别的天赋，能走到今天，得到现在拥有的一切，全靠过去自己一点一滴的努力，一步一个脚印地奋斗。

我身边就有很多朋友，通过努力过上了理想的生活，活成了别人羡慕的存在：周哥在职场里摸爬滚打多年，终于在大城市买了一套属于自己的房子；小春运营自媒体数年，如今已成了靠公众号广告就能养活全家的KOL[1]；W姐日复一日、坚持写作，积累下了三十万粉丝。她不仅顺利出了书、圆了作者梦，还在电商领域大展了拳脚……

他们是天才吗？不是。他们并不是百里挑一的天才，却通过自身不懈的努力成为了受人追捧的精英、专家。

很多人质疑努力的意义、怀疑努力本身的价值，却不知那些他们嗤之以鼻的努力造就了一个又一个厉害又耀眼的人物。

在某些人眼里，很多人的成功单靠运气或者全凭机遇，他们对别人在背后默默付出的努力视而不见，并将那些笨拙又持久的努力

1.KOL : Key Opinion Leader 的缩写，即关键意见领袖。——编者注

包装成独特稀少的好运，一边抱怨上天的不公，一边艳羡地仰望别人。你若问他为什么不努力尝试，他会笑着回你：“我已经努力过了，只不过是没运气罢了。”

其实，人与人之间的差距不是因为天赋产生的，而是你小觑了努力。如果别人脚踏实地、坚持努力，而你停滞不前，日复一日，你们之间就会拉开巨大的差距。

04

我相信此刻的你也正在努力着，只是你偶尔也会怀疑努力的意义，因为你坚持了那么久、付出了那么多，到头来却好像什么也没有得到。

或许你备战研究生考试花了整整一年时间，你不舍昼夜，分秒必争地看书、学习、做题，到最后却因几分之差以失败告终；或许你为了求职做出了很多的努力，默默积累经验，提升自己的能力，不停地投简历、面试，一轮一轮刷下来，结果你还是没能如愿以偿进入自己最心仪的公司；或许你在自己的岗位上待了很久，下了很多苦功夫，开了无数次会议，写下了不知多少的策划案和报告，遇上了项目主动扛，还没日没夜地加班工作，可到了年终你还是没能升职加薪……

努力是必须的，但不是有付出就有回报，更不是只要你努力了，一切就会如你所愿。努力的意义，或许是为了摆脱眼前的困境，或许是为了蜕变成更好的模样，又或许只是为了让自己前进一步，好离那个遥不可及的梦想近一点、更近一点。

人生是一场长途旅行，无论你有多努力，在旅途中难免会遇上崎岖小路、泥泞深渊和危崖峭壁，也不可避免会遇到暴风骤雨和雷鸣闪电，这些都是再正常不过的事情。

电影《小森林》里市子妈妈的来信很触动我，她这样写道："在某个地方摔倒时，每次回头看之前的自己，发现每次都在同一个地方摔倒。尽管一直很努力，却总在同一个地方兜圈子，徘徊到最后不过是回到了原点，很让人失落。但仔细想来，又不再是原点，多少都会偏上一点或下一点。也许，人本身就是螺旋，在同一个地方兜兜转转，每次却又不同，或上、或下、或横着延展出去。我画的圆每次在不断变大，想到这里，觉得自己还是应该再努力一把。"

如果你渴望变得更好，希望实现自己的梦想，活成期待中的模样，那请你相信努力的意义，脚踏实地、付出行动、坚持努力、转变思维、不断成长，一步一步走下去。别担心未来，把握好现在，抓紧时间去做那些有意义的事情，只有将努力积累到一定程度，生活才会慢慢好起来。

请你相信，每一个耀眼的将来，都需要努力的现在——这是我最想和你说的话。

这个世界，总有人笨拙地爱着你

01

前一阵《啥是佩奇》在朋友圈刷了屏，我没忍住好奇点了进去。这个电影宣传片虽然很短，只有几分钟，但我还是猝不及防地被这个爷爷疼爱孙子的故事打动了。

我感动的点与短片的拍摄手法、编剧技巧什么的无关，只在于它让我想到了远方的亲人，想到了我已过世的爷爷奶奶和外公外婆。

在这个网络日益发达的时代，新奇之事层出不穷，社交媒体给予了我们极大的便利。有时候我们不是在追赶时尚潮流，而是被无数个爆款热点推着走，稍不留意，自己可能就在下一秒成为那个“out”的人。

尽管如此，在智能手机高度普及的今天，我们仍不能忽视那些还未用得上智能手机，甚至对网络一无所知的人——他们在人群中所占的比例或许不算大，但按基数来说，哪怕只有一亿，也不是一个小数目了。

有人会讶异：“怎么可能会有人没用过智能手机，从没接触过互联网？”

奇怪吗？一点都不奇怪。生活在城市里的我们太容易将其他人想得和自己一样了。其实，并不是所有人都有足够的物质条件，去享受那些我们看似理所当然的东西。

仅仅只是智能手机而已——我们所谓的“仅仅”，或许在另一些人眼中，就是庞大得不可及的“不可思议”。

02

我有朋友曾在四川偏远山区支教，她到当地的第一晚就发了条朋友圈，她觉得自己所经历的一切都颠覆了她的世界观。

“这里没有4G信号，村子里的大人基本都外出打工了，所以留守儿童很多，他们大都由爷爷奶奶带着。那些老人都是朴实的农民，他们不会说普通话，却一脸热情地招呼我们。而那些孩子从没用过智能手机，也不会用电脑上网，甚至连iPad都没见过……我长这么大，第一次发现这个世界上还有如此落后的地方……”

朋友是一个娇生惯养的女孩，她家境不错，从小养尊处优，是一个泡在蜜糖罐里长大的幸运儿。她去支教是出于单纯的爱心，起初她只觉得支教的山区偏僻贫穷，却没想到他们贫穷的程度远超乎她的想象。

我和她说："其实这没什么奇怪的，只不过是你从未经历过那样艰难的生活罢了。你的家境限制了你的想象力，或许你不知道，在大山深处，可能有着更落后更无助的人家。"

不得不承认，我们活在巨大的差距之中——这个世界本来就是充满差距的，而且这个差距会大到超乎你的想象。

03

落后山村里没看过电视、没用过智能手机、没上过网的老人们数不胜数，而活在大城市里、和他们同一年纪的老人们却热衷于网络社交，跟着时尚潮流走，没事还会去跳广场舞。

偏远山区里那些从小由爷爷奶奶带大，懂事坚强却接触不到网络的朴质孩子比比皆是，而在同一片天空下茁壮成长的孩子，他们被家人捧在手心，被当作宝贝宠爱，小小年纪就接触了手机、电脑、iPad，他们眼里的世界丰富多彩。

你会觉得宣传片里那些不懂佩奇是啥的老人们奇怪吗？不，我只觉得心疼。

因为在现实生活中，我遇到太多和他们一样不懂佩奇和流行事物为何物的人了。

我的爷爷去世很久了，他去世前都没碰过智能手机，甚至连网络都不知何物。

他并不懂年轻人的喜好，也不懂得什么名牌，他给我挑的礼物既老土又难看。可是在他看来，实用就好，生活没必要太讲究。

而我的外公外婆就更不用说了，他们活在农村、老在农村，辛苦操劳了一辈子，还没能好好享受安稳无忧的老年，就匆匆离开了我。

在他们那个遥远的年代，只有书信，没有手机，他们不懂什么网络，也没用过手机，甚至连普通话都不会说。但却质朴地宠着我、疼着我。

想来，他们去世也有十多年了，如果他们能看到网络日益发达的现在，不知会不会感到纳闷和疑惑呢?

04

同一个世界，同一个国家，同一个地区，却有着不一样的生活和处境——那些或细小或庞大的差距的确存在，有些我们看得见，有些我们想不到。

在这些差距之中，人与人相比什么都可能不同，生活习惯、方式不同，圈子不同，性格不同，对待新兴事物的态度不同……但或许有一样东西是相同的。

那就是人们的爱——对晚辈的关爱，对孩子的宠爱，对亲人的疼爱。

这些爱的表达方式不尽相同，可能会迟钝一些，可能会笨拙一些，有时候他们明明用尽了心思，却还是得不到理解和认同。

“爷爷你真笨，根本不知道我想要什么！”

“你怎么连小猪佩奇是什么都不懂呀？”

“爷爷，你送的礼物我不喜欢，我才不要那些破烂玩意儿呢！”

你有没有生过那些完全不懂年代流行事物、对当下时尚一无所知的长辈的气，有没有觉得他们落后又无知的经历？

如果你没有，实在太幸运了。因为你可能并不活在那部分令人诧异的差距里。

而我有过这样的经历，我曾经的亲人也活在那样的差距里——如果我爷爷活到现在，或许他也不知道什么是小猪佩奇。

不过，他一定会弄懂的，哪怕是一个山寨的玩偶，或者卡通贴纸和书包，为了讨好我，他总有办法弄到。

只是，我今年收不到爷爷的礼物和压岁钱了。

我已经好久好久没有收到他在春节给我的压岁钱了。

05

我想家了。

在这座城市里，无数个疲惫难熬的时刻，我都有想回家的念头。不仅仅为那张可以舒服躺着的床，更为了见那些可以抱住我、给我无限温暖的家人。

我小的时候是不懂事的，觉得大人们不理解自己，总是不知道自己想要什么，和他们好像有着无尽的代沟。我嫌他们老土、死板、固执、愚笨又落后，他们好像什么都不懂，做什么都是错的。

后来我才发现，自己才是那个什么都不懂的人，明明感受着他们无私给予的爱，却偏偏还嫌弃着他们表达方式的笨拙与迟钝。

或许到了一定年纪才会明白：大人们不可避免地在以某种速度远离我们，他们会变得迟钝、笨拙、顽固，变得与我们格格不入，只有那一份爱始终不变。

虽然笨拙，但是质朴真诚——这世间的爱，你在还能拥有的时候就该好好珍惜。因为哪怕再微小的爱，你一生也只能拥有一次。

精打细算地花钱，生活品质会更高

01

最近很流行这样一个概念“消费降级”。何为消费降级？大概是指人们的消费越来越趋于理性，不再肆无忌惮地买很多昂贵但无用的东西，而偏向于那些实用又具有性价比的产品。

有很多人都说这是因为穷造成的。不可否认，如今物价上涨，房租飙升，工资跟不上房价，有些人甚至连房租都快交不起了。在这样艰难辛酸的处境下，消费降级自然形成一种新的趋势。我身边就有很多朋友改变了原先的消费观，开始了新的生活方式。

悦悦居住在一线城市，前几个月房租上涨了一千多，而她的工资基本没什么变化，所以她不得不改掉原先大手大脚、胡乱消费的习惯，开始变得节约起来。她不再买那些好看但昂贵、一年只能穿几次的衣服，不再频繁地购买新款的名牌包包，也不再随心所欲地去饭店大吃大喝。她变得更节制，也更理性了，虽然“买买买”的频率下降，但她的生活品质并没有降低。

悦悦以前每天都挤公交车上下班，有时起床晚了还会打车。现在她养成了早睡早起的习惯，每天都骑自行车上下班，既环保又能锻炼身体，可谓一举两得。

她过去动不动就点外卖，如今的她自己做饭，早起做可口的早餐和午饭便当，不再依靠外卖。她自己做的东西既营养又健康，还比外面的食物便宜。公司里的同事看到她每天变着花样地吃便当，也很是羡慕，都纷纷效仿起她来。除此之外，她还戒掉了星巴克咖啡，不再每天用咖啡“续命”，而用各种茶来代替咖啡，红茶、绿茶、茉莉花茶、菊花茶……茶既能解困又有很多功效，相较于咖啡还更便宜，而且也没有影响到她的日常生活，她因此省下了不少生活费。

02

悦悦笑着和我说：“其实在我看来，消费降级更多的是理性消费，保证物品质量的同时，更注重使用体验。虽然花的钱少了，但我的生活品质并没有下降，因为我所买的、用的、吃的、穿的都是适合我又具有性价比的，我不再盲目地追逐名牌，也不再热衷于收集各种奢侈品，活得简单舒服，还省下了一些钱。虽然这些省下来的钱不多，但日积月累也够我旅行一趟了。”

磊子最近也开始了消费降级的生活。一开始他很不情愿，可当他每个月都月光，入不敷出，快要无法维持正常生活时，他不得不做出了变化。

由俭入奢易，由奢入俭难。磊子起初很难改掉原先肆意花钱的行为，于是只得逼着自己关掉花呗，不再使用信用卡，开始精打细算、勤俭持家地过日子。

他不再在喜欢的游戏上投入太多的金钱，面对喜欢但昂贵的手办，他也尽量克制。衣服、裤子、鞋子不再一味追求名牌限量款，只挑那些适合自己、好用、价格又公道的衣物。他现在网购都要货比三家，而且只买有用的东西，不再买一大堆便宜但用不到的折扣品，也不再收集很多昂贵但不实用的名牌产品。

几个月下来，磊子的生活有了明显的改善。他不再每月“月光”，也不再为生活费犯难，日常生活照旧。他不再投入很多时间和金钱在游戏上，所以有了更多的空闲时间。在周末，他骑自行车去野外，到公园散步、小跑，时不时还会去看场电影，逛市里的博物院和美术馆，悠闲又自在。既不需要花太多的钱，又享受到了舒服健康的生活，更重要的是他银行卡上有了余额。虽然离一套房子的首付相差甚远，但未来起码有了希望。

03

我也在不知不觉中开始了消费降级的生活。我不再如过往那样热衷于网购，也不再一时冲动买很多用不上的打折品，就连各大购物网站每隔几个月就办一次的大型促销活动我也不甚在意了。年中大促、“双十一”“双十二”，我不再疯狂地“买买买”，而是更为理性地去挑选真正有用又有优惠的东西。

如此一来，我的生活也悄然发生着变化。因为不理性的消费减少，我发现自己变得更快乐了。我不会因为买到不喜欢或没用的东西而感到困扰，也不再随随便便地乱花钱。买到喜欢的东西会很兴奋，有种小小的满足感；没买那些没用还占地方的东西时，我会认为自己做对了，从心里发出感叹：“还好当初我够理性，没乱买东西浪费钱啊。”不仅如此，我的储蓄也积攒得更多了，不会再有之前大手大脚购物后出现的入不敷出和拮据度日，生活品质没有下降，反而在往一个更适合自己的方向发展。

很多人或许会觉得消费降级是迫不得已，但在我看来它却有着诸多好处。但前提是，你要学会克制住自己的欲望，或者说你要让你的赚钱速度赶上自己的花钱速度，这样一来，你才不会总生活委屈，紧巴巴过日子。

04

以前我们总是听到这样的观点："买买买就是为了让自己开心，有什么不行？""钱是挣出来的，而不是省出来的！""你连钱都不舍得花，又怎么会高兴？"……

当时我觉得那些观点并没有什么不对，但现在再看，总觉得一味鼓动别人消费太过偏激。或者说它们仅仅站在一部分人的角度去探讨消费的意义，而且那一部分人还是有钱到可以忽略生活压力、随意浪费也不用考虑太多后果的少数人。

大多数人都在城市里艰苦打拼，承受着很大的生活压力，一块一毛都来之不易，有时房租、生活费都快占了工资的大半，如果这时再任性盲目地消费，那只能是自讨苦吃，越过越穷。

而精打细算地消费，将自己辛苦赚来的钱都用到合适有用的地方，不仅能够维持你的日常生活，还能为你积攒下更多的储蓄，为日后留出更多的空间和可能。一次性挥霍时感觉是很爽，但你所得到的快乐是很短暂的，甚至会带来严重的后果。而精打细算的消费能够持续发展，让你日后的生活更加安心和舒服。

这种趋于理性的消费降级显然更适合大多数人，从这个角度来说，这样的消费降级又何尝不是一种新的消费升级？它对很多人来说利大于弊。

钱自然不是省出来的，但你随意挥霍，注定一无所有。在这种情况下，你要学着改变自己的消费观，控制自己的欲望，平时多攒点钱，开源节流、勤俭节约没什么不好的，你所买的东西真正适合你，真正好用，所花的每一分钱都能用到正确的地方，生活品质自然不会差到哪里去。

最怕你赚不到钱还成天东买西买，嫌弃别人节省，自己随意挥霍，到头来攒不到钱，又有一堆欠还的债务，活得紧巴巴还欲望满满，那样的生活只会更苦更累，不会美好。

精力充沛的生活，从停止熬夜开始

01

在朋友圈看到一位朋友发的动态，她说："朋友们，听我一劝，千万别熬夜！没什么事情值得你熬夜去做。长期熬夜会导致抵抗力下降、手脚发软发酸、心悸、脱发、肠胃紊乱、食欲下降、记忆力衰退、注意力难以集中。长期熬夜，严重的可能会患上多种疾病……"

这并不是危言耸听，我身边有很多认识的朋友常常熬夜，他们大都有着各种不同的小毛病。

每当和我谈话时，他们总是苦口婆心地劝我说："夏至，你可别再熬夜了，不然你会像我一样，每天顶着黑眼圈，精神不好，脑袋沉重，还得担心自己的发际线后退，唉，熬夜真是一件可怕的事情。"

我心里自然再清楚不过了，熬夜确实可怕，不仅折腾，还伤身伤神，可谓百害而无一利。

但是，很多人还是会选择熬夜，即使知道这样不好，可还是时常做着这样一件可怕的事情。

02

为什么要熬夜？

理由可以有千千万万，随便哪一条都能堵住别人好心好意劝你休息的嘴。

明天就要考试了，我今晚要熬夜看书，好好复习，不然肯定会挂科的。

今天要加班加点地忙活，工作量大，时间紧任务重，不熬夜工作难道还要等着上司骂？

这部电视剧太好看了，我必须熬夜看完，哪怕再困再累也不要紧，大不了周末好好补觉！

四年一次的世界杯，就算是困得睁不开眼，也得喝着啤酒和好友一起看比赛直播！

难得有那么长的假期给我打游戏，我要尽情享受，通宵玩个过瘾，打个痛快！

离截稿期越来越近了，看来想要在deadline前交稿的唯一办法就是熬夜写稿了，虽然辛苦，不过这也是没有办法的事。

还有的人就是熬夜成瘾，觉得深夜的时间才是真正属于自己的，仗着自己年轻，就肆无忌惮地熬夜通宵，做什么都行，就是不想那么早睡觉……

那么多的理由，给了我们一种所谓的错觉，那就是，熬夜是必须的，甚至是可以被谅解的。

可是，这不过是我们的自我安慰罢了，我们可以欺骗自己，但是可以欺骗我们自己的身体吗?

不能。

03

我还算是一个早睡早起的人，不适合熬夜，每回熬夜都让我头痛欲裂，难受不已。

每回熬夜，我的脑袋会疼得要命，好像有什么东西在我耳边嗡嗡嗡地叫个不停，而我的眼睛开始模糊、眩晕，整个世界仿佛都颠倒了过来。

对我而言，熬夜是有过一回，就绝对不想再来一回的，有过这么一些痛苦的熬夜经历后，我总是会告诫自己，做什么都好，千万别熬夜。

印象最深的一次是，我熬夜写稿，写着写着就困得睡着了，大脑仿佛失去了意识一般，电脑就一直亮着，直到天亮我才被人猛地叫醒。

我想睁开眼，却发现很困难。眼皮沉重得跟灌了铅，话也说不出了，大脑一片空白，记忆仿佛消失一般，整个世界都在疯狂地旋转。

那天我睡了很久很久，从早上一直睡到傍晚，才缓了过来，可脑袋依旧很疼。

实在太痛苦了。

和我有过类似经历的安安也总说，熬夜太可怕了，她只是熬了那么几次夜，感觉整个人都不好了，她的脸上甚至长了好多痘痘，头发也掉了不少。

安安感慨说：“我是真心佩服那些熬夜还能没事的人，像我们这样的，根本就不能熬夜，晚睡一分钟对我来说就相当于多吃几十公斤垃圾食品，太折磨人了。”

我回她：“你别佩服更别羡慕那些熬夜的人了，他们虽然看起来没事，可熬夜对身体的伤害总归还是有的，有些只是不明显，暂时没有表现出来，熬夜对人的危害是长期的，有很多病一时半会儿看不出来，就像是潜伏的炸弹，指不定哪天就会爆炸。”

安安点点头，“说来说去，还是别熬夜就好了。”

04

是啊，别熬夜就好了。

这句话说得甚是轻巧，可偏偏有无数人做不到。

我认识一个朋友晓茗，她是一个工作狂，作为公司部门的领导，她任务繁重，从早忙到晚，为了工作累死累活，拼命加班，哪怕熬夜通宵也在所不惜。

她常常在深夜熬夜加班，为的是以最快时间结束工作，好完成公司的KPI，升职加薪并拿到丰厚的年终奖，认识她的人都说她是“拼命三娘”，也有人劝她注意身体，别那么拼命，但她不为所动，依旧熬夜工作，并忍受着熬夜给她带来的一系列改变。

她的气色越来越不好了，头发掉了不少，发际线有后退的征兆，黑眼圈特别令人瞩目，眼袋大得无论是哪种化妆品都遮挡不住。

更要紧的是，她身体越发虚弱了，长时间熬夜工作，让她总是会习惯性头疼。

某晚她为了赶方案，在家熬夜到凌晨三点，不知怎的就昏了过去，还好她室友发现及时将她送进了医院，否则后果不堪设想。

在住院期间，晓茗被很多家人和朋友劝说不要再频繁熬夜，她自己也看了很多程序员熬夜加班导致猝死的新闻，心有余悸。

出院后，晓茗彻底想通了，哪怕工作再重要，也不能以自己的健康作为代价去拼命，那样只会得不偿失。

在那之后，晓茗向公司请示，招了一个助理替她分忧解难，同时努力提高自己的工作效率，不再频繁地熬夜加班。

她说，人这一辈子只能活一次，身体最重要，工作再怎么重要，也不该拿健康去拼，拿身体去努力。

或许你现在还年轻，还有精力熬夜，可等到哪天你把身体熬坏了，那时后悔也晚了。

05

那些明知道熬夜的危害，可还是喜欢熬夜的朋友，听我一句劝，真的别睡太晚了，熬夜成瘾，正在慢慢毁掉你。

真的没有什么是值得你用身体的健康去熬夜换取的。

你可能已经听腻了那些劝你别熬夜的话，也知道很多熬夜的危害，但总还是会熬夜。

其实想想，熬夜又不是非做不可的事，为什么非要拿自己的身体去折腾?

考试将至，你可以提前抓紧时间复习；工作任务大，你可以努力提高自己的工作效率；电视剧精彩，你可以利用周末时间看完；在截稿前，你可以早点动笔，努力改稿……

并不是所有的熬夜，都有不得已的苦衷。熬不熬夜，其实都只是你自己说了算。

你总要更努力地生活，才能拥有面包和爱情

01

去年思思所在的互联网公司大幅裁员，思思很不幸地成了失业者中的一员。如今几个月过去了，思思还在马不停蹄地投简历、找工作。眼见自己的存款支撑不了多久了，她急得焦头烂额、心灰意冷。

和思思聊起天来，她叹息地说道："现在这个社会对女性还是有着不少偏见和歧视，女性在职场上多多少少会受到一些不公平的待遇。"

"怎么说呢？"

"我最近面试了很多家公司，HR 们都会问我一些私人问题。比如我结没结婚，打算什么时候生孩子，会不会要二胎之类的，这让我非常难受。我的人生规划为什么要告诉那些不相关的人？难道女性结婚生子后就不能好好工作了吗？"

思思愤愤不平地说着，脸上挂着无奈又委屈的表情。

我不知道该怎样安慰她，就只好鼓励她道：“没关系，公司遍地都是。你资质不错，又有能力，不愁找不到好工作的，不过是时间问题而已。”

思思听后沉默了半晌，最后和我说：“这个世界真的不公平，女生不得不做出很多重要的选择，每一种选择都不容易，虽然无奈，但我也只能面对现实。身为女生，我唯有付出更多的努力继续前行了。”

02

我的公众号后台曾经收到一位读者的留言，她的话语里充满了辛酸：“我刚毕业那会儿，父母都劝我考公务员，或者在老家找一份清闲安逸的工作，可我不愿意，非要去大城市打拼。如今我已毕业三年，过得还是很艰难，每年都被父母催着相亲找对象。在他们看来，女生就不该那么努力地工作、打拼事业，而应该早点结婚生孩子，成为相夫教子的家庭主妇。”

“可是，我不想过那种千篇一律的生活，我现在虽然过得很苦很累，但我还是不肯轻易放弃，我不想那么快就妥协认输……我想要实现自己的梦想，成为一个独当一面、闪闪发光的职场女强人！”

她的这番话让我想起了我很多在大城市艰苦打拼的女同学，她们同样不愿意那么早就踏入婚姻生活，而选择在大城市单枪匹马地努力奋斗。

她们看似柔弱不堪，实则坚强独立。她们能挤最早一班的地铁和公交，能一个人扛十斤的大米，能踩着高跟鞋爬十几层的楼梯，能一个人换灯泡和通马桶。她们在生活的重压下，由不经世事的少女蜕变成了无坚不摧的女战士。

我曾这么问过一个在北京工作的女同学："你一个人在北京漂泊不辛苦吗？"

她笑了笑说："辛苦，怎么可能不辛苦，大大小小的事我都得操心，每天都心力交瘁。可那又怎样，再苦再累我也甘之如饴。再说了，无论女生做什么，总是不可避免要苦一阵的，哪怕是选择回老家结婚，也会遇到不如意的事。"

03

蓝姐工作不到一年就结婚了，怀了孕后她便辞职回家，全心全意做家庭主妇。有很多朋友都羡慕她，觉得她那么年轻就拥有了幸福美满的生活。

可蓝姐却时不时向我们抱怨，她过的生活根本没有我们想象中那么悠闲自在。

"你们别小瞧家庭主妇，要做的活儿可比工作累多了。自从生了孩子，我就一直睡得不踏实，每天都要早早起床给全家人煮饭做菜，还得伺候宝宝，她的吃喝拉撒都由我一个人管。在家里带孩子特别折磨人，晚上我时常会被孩子的哭喊声吵醒，搞得我都快崩溃了……更可怕的是，辞职之后我没了收入，也就没了安全感。养孩子的开销很大，因此我只能省吃俭用地过日子，我衣服包包都很少买了，连化妆品我都是趁打折才敢买的……”

如今蓝姐的孩子快到了上幼儿园的年纪，为此她更是焦虑不安，心里想着重返职场，多赚些钱养家。可是找了一段时间工作后，她发现要想再就业真的无比艰难。

“很多公司都觉得我带着孩子容易在工作时分心，还有一些 HR 觉得我未来有生二胎的打算，不想录用我……结婚生子后的女性在职场真的不好混啊。”蓝姐忧心忡忡地说道，既委屈又惆怅。

04

我想起《七月与安生》里的一句台词：“女生不管走哪条路，都是会辛苦的。”

无论是选择在职场打拼奋斗，还是选择结婚生子，女生们活得都很不易，既要承受家人施加的压力，还要面对社会的不公和职场上对女性的歧视。在这样的处境之下，要活成一个独立从容的女人非常艰难。

然而，纵使生活充满不公，依旧有无数女生咬牙坚持走在追梦的路上，其中的一些人真的活成了自己想要的模样。

我的朋友圈里就有很多这样励志的女性朋友，她们有一个共同点，那就是拥有独到的眼光和开阔的格局。她们能吃苦也能坚持，而且善于思考、认真工作、持续努力。

S姐就是其中一个让人羡慕的女子。她今年三十出头，有房有车，还拥有自己的创业团队，她所运营的账号在自媒体领域里独树一帜。

我很欣赏她的一句话："世界充满不公平，你得接受这个规则，然后努力改变自己。等你真正强大起来，那些不公平的事才会离你远远的。做女生不容易，你若是渴望实现梦想，就得坚持不懈、全力以赴，付出百分之两百的努力。"

是啊，谁说女生就不需要努力的?

如果你想要冲破这个世界对女性的束缚，真正活成自己喜欢的模样，就必须付出更多的汗水与努力，乘风破浪、逆流而上、坚定前行、坚持到底。

你要足够努力，才能让自己拥有足够多的资本和安全感，才能让自己拥有更多的机会和选择，才能有底气地过自己想要的生活，才能真正实现自己的梦想，变成你渴望成为的那一类人。

愿所有的女生都足够坚强、足够努力，不用依靠别人，就能用自己的双手去争取想要的一切。既穿得了运动鞋，也适应得了高跟鞋；既可以做漂亮的仙女，又能成为戴着皇冠的女王；在得到面包的同时，也能拥有美好的爱情。

每当感到痛苦得不行的时候，就想想十年后的自己

01

一位读者在微博私信我，发了一段很长的留言，他说："我现在正处于一个非常迷茫、焦虑、沮丧又彷徨的阶段，前一段时间我一时冲动辞了职，结果我浑浑噩噩地过了大半年，到现在还是没找到合适的工作。我又急又慌，存款所剩无几，每天都愁得失眠，感觉压力如山，心情糟糕透了。

此刻我已经陷入低谷，却怎么也爬不回山腰了。我迷失了方向，也找不到路，生活差得一塌糊涂，连一丝光亮都没有，你说我该怎么办？"

看到他这样的留言，我虽然说不上感同身受，但也理解他的苦和难，毕竟每个人的生活都有不易，遭遇挫折、陷入困境都是再正常不过的事情。

后来，我站在他的角度安慰了他，并给他提出了一些建议，最后我给他发了这样一句话：

“你要知道，世界上不是只有你一个人在经历失败，面临困境，每到你感到痛苦的时候，就想想十年后的自己，然后扪心自问，十年之后的你还会觉得现在的痛苦无法忍受吗？”

02

我也曾有过一段特别痛苦的经历，在那段时间里，我几乎搞砸了所有事情，无论做什么都特别不顺。渐渐地，我失去了信心和希望，每天丧气满满、得过且过。

我偶然中看到这样一个句子：“现在的你或许正经历一段异常煎熬的时光，但你不要害怕，也别轻易放弃。想想十年后的自己，或许在那时的你眼里，如今的一切磨难都不值一提。”

我从中得到了启发，开始尝试着以未来自己的心态去思考。我发现一切痛苦都是暂时的，如果自己变得足够强大，那么一切问题都会迎刃而解。

于是我渐渐从痛苦中走了出来，重新振作，努力使自己的内心变得更强大，继续往前远行。

现在再回想起那段旧时光，那些挫折和失败也不过如此，没有严重到天崩地裂的程度。

其实，很多我们遭遇的困难、挫折和失败，在当时看来真的非常严重，我们就像经历了天大的灾难一般，难以承受，痛苦不已，甚至觉得一切都不会过去。

可是事情一旦过去，未来的我们再回想起那段难挨的时光，只会觉得云淡风轻。那些曾经折磨我们的苦难不算什么，打不倒我们的，必将使我们更坚强。

03

学生时代，你会因为考砸了一次试，就难受不已，会因为高考的临近而感到焦虑不安，日子煎熬，甚至觉得活得很痛苦，自己压抑到快坚持不下去了。

可当你完成了所有考试，顺利毕业后，你回想起之前折磨你的种种事情，发现它们并不算多大的苦难，不过是人生必经之路上的关卡和考验罢了。

进入职场，你会因为繁忙的工作倍感压力，在各项任务指标面前，你一直紧张惆怅，一出了点差错，你就无比头疼，生怕承担最坏的结果。

可当你顺利完成工作任务，不断提升自己并得到晋升后，你再回顾过往工作中让你痛苦不堪的经历时，你已经能云淡风轻地笑着说：“那些都不算什么大事，正是过去那些让我头疼不已的经历锻炼了我，让我变得更加成熟强大。”

一个人成长到一定的阶段后，内心的坚定和强大会让他看清现实，更从容地面对一切艰难险阻，不慌不忙地生活。而不会像过往那样，因为一些挫折和失败就自暴自弃，痛苦挣扎。

04

前一段时间老李和我分享了他的故事，不算励志，但却让我收获颇多。

老李前些年开始创业，梦想着自己当老板，开一家能赚大钱的公司，然而“梦想很丰满，现实却很骨感”。

老李创业过程特别艰辛，最初家人朋友都不看好他，也没人支持他，但他依旧义无反顾，铆足了劲想要拼一拼、闯一闯，想要做出一番事业来。

可创业不易，他被人骗过，被合伙人坑过。最惨的一次是他投资失败，把买房的首付都赔了进去，还欠了一屁股债，连员工的工资都快发不起了，只能关掉公司，然后厚着脸皮向家人朋友借钱还掉了债务，然后重新开始。

现在的老李不再执着于创业，而是在一家大型企业工作，收入不错。他业余还做着各种兼职，算个斜杠青年，几年积攒下来不少存款，已足够他还清所有欠款。

如今他的事业走上了正轨，一切都在慢慢好转。

我问他创业失败是一种怎样的经历，他说："那是一段非常痛苦的经历，在那段时间里，我难受得想过要结束生命，还好我硬撑了下来，挺到了现在。我的创业经历是失败的，但我不后悔，因为它让我学到了很多，让我在绝望中重新看到了希望，并找到了光亮。现在的我活得很好，心也比以前更强大了。"

谈到创业失败这个话题，老李想起了认识的伙伴，他们一样创业失败，但有一位却选择了自杀这条死路。老李叹了口气说："我替他难过，也替他感到不值。那段日子很黑暗，但撑下去迟早会见到太阳的，他要是能够挺过来，现在的生活也不会太糟，想想过去那些天大的痛苦，都现在都不是什么事了，挺住就意味着一切！"

是啊，多想想以后，眼前的事情就没那么难挨了。过去那些能将我们击倒的事情，如果放到未来，或许就不算难事了。如果能以未来更从容的心态去面对眼前的风波，还会有什么摆平不了吗?

我们常常因为一些挫折和失败感到沮丧，感到绝望，甚至觉得生活没法变好了，连一丝光亮都没有了。

可是，如果你重新振作起来，挺了过去，等到多年后，你再回想起来，那些曾经让你痛苦不堪、绝望不已的经历也不过如此。就算它们一度击垮了你，但只要你不放弃、不绝望，那么人生就有出路，就有希望。

曼狄诺[1]曾说："要永远坚信这一点，一切都会变的。无论受了多大的创伤，心情多么沉重，一贫如洗也好，都要坚持住。太阳落了还会升起，不幸的日子总会有尽头。过去是这样，将来也是这样。"

人始终是在成长的，始终是在向前行进的，没有什么是过不去的。或许你此刻受到了挫折，被失败打击，陷入了困境，遍体鳞伤又沮丧煎熬，但请你别轻易放弃，想想多年后的自己，试着以未来自己那成熟强大的心去看待眼前发生的一切。那样是不是会觉得一切都不是什么解决不了的难题？

给自己一点信念、一点希望、一份撑下去的勇气吧，相信未来那个内心强大的自己，一定希望此时此刻的你能够从容不迫地面对危机，解决问题，然后一路走下去！

1. 曼狄诺：奥格·曼狄诺（Auger Mandinuo），美国著名作家。著有《世界上最伟大的推销员》《世界上最伟大的成功》等一系列脍炙人口的作品。——编者注

开启“断舍离”模式，你的生活将焕然一新

01

小智的租房合同快到期了，他不想续租，而是找了另外一间更合适的出租房，很快就要搬出去。唯一让他头疼的是搬家，我对此也有同感，安慰他说：“搬家的确很麻烦，但也没别的办法，你抽出一天时间搬家吧，虽然折腾了点，但搬到新房间的感觉会很爽的！”

小智唉声叹气地说：“唉，我现在真的心累了，我的房间太难收拾了，一想到这儿我就后悔当初为什么要选择搬家了。”

“那我去帮你收拾屋子吧，周末我正好有空。”看他一脸惆怅的表情，我主动提出帮忙。

他当然乐意，舒展开眉头说：“好的，多谢！”

结果那天我赶到他房间时，吓了一大跳，他的房间狭窄，角落里堆满了各式各样的杂物，衣服、裤子、袜子随地乱扔，衣橱里摆

放着很多衣架，衣物却不整理，简直就是乱塞一通。

他的床也是一团糟，被子不叠、床单歪斜。最让人反感的是他的书桌，凌乱得像台风刮过的树林，书籍胡乱地堆着，桌面的杂物七零八散，耳机、水杯、护肤品、音响散落其间，杂乱无章……这令人崩溃的场景，让我想到了过去的自己。

02

曾几何时，我也是一个喜欢乱买东西的人，而且常常乱摆杂物，导致整个房间一片凌乱。最糟糕的情况是我的桌面一度堆满了各种杂物和垃圾，整个房间几乎没有一块干净的空地，连室内的空气都变得混浊而难闻。

当时我舍不得丢掉任何一件物品，总觉得它们有朝一日会派上用场，房间再乱也不肯收拾。一怕麻烦，二是觉得那是不拘小节的表现，后来我实在忍受不了屋内难闻的气味，才说服自己整理杂物，收拾房间。

这一收拾，我才发现屋里的无用之物太多了：因为好看而买的十几本笔记本，一本也没用上；打折时买的几盒水性笔笔芯，都买两年多了，还没用完；十几个手机壳，舍不得扔，但很多已经不想再用了；因为常常找不着数据线，陆陆续续地买了十五条数据线，很多都沾满了污渍；还有一堆早已过期，却还没扔掉的药品，衣橱里也塞满了一堆穿不了的、过时的衣物……

看着眼前那堆杂乱不堪的无用之物，我终于明白自己的房间为什么会那么逼仄。

好在当时的我正好看了一本阐述“断舍离”观念的书籍，它给了我很多思考和启发。

何为“断舍离”？

断舍离，是日本女作家山下英子提出的一种生活概念。

“断”即断绝不需要的东西，“舍”即舍弃不需要的物品，“离”即脱离对物品的执着。它的宗旨是，使人重新审视自己与物品的关系，舍弃对生活无用的物品，从关注物品转换为关注自我。

在那个时候，我望着一堆杂物，下定决心开启断舍离模式，不再纠结废物的去留，而是干净利落地扔掉它们，然后收拾好屋子。

亲身经历告诉我，断舍离虽然看似麻烦，但从长远来看，是必要且有用的。

03

那天，我和小智花了四个小时才把屋子收拾干净，整理出一堆基本没用的东西，它们往日里被堆在角落，沾满灰尘又占用了空间。小智不愿将那些东西搬到新家，却又舍不得丢掉它们。

为此，我将自己的经历告诉他，并对他说：“那些无用的东西你要赶紧扔掉，不要纠结，断舍离是你目前最需要做的事！”

小智犹豫了一会儿后，下定了决心，将三大包废品都丢掉了。还有一些报纸、期刊和“破锅烂盆”则送给了楼下收废旧的大爷。

这下，房间焕然一新，少了堆积的杂物，空间仿佛变大了，连空气都变得清新起来。小智打包好所有的行李，发现行李已经没有想象中那么厚重了。

后来，小智很轻松地搬到了新家，还邀请我做客。他的新房间窗明几净、整洁舒适，东西不再凌乱堆放，而是摆放得整齐有序，看起来舒服多了。

小智笑着说：“自从我开启“断舍离”的模式后，生活已经朝着好的方向发展。丢弃掉那些无用之物后，我的房间变得干净多了，而且，我现在不再乱买东西了，每隔两天就清扫一下房间，日子过得越来越顺畅。”

“断舍离”真的改变了小智的生活。

04

你的房间是不是也堆满那些你舍不得丢掉却又用不到的杂物呢?

很多时候，我们都会因为一时冲动而购买无用之物。屋子里的东西越积越多，我们却舍不得清理它们，任由它们占据空间，在角落里生灰，以致成为生活的累赘，让人不知如何是好。

如果你也有这样的困扰，那么你应该尽快开启“断舍离”模式，过一种轻松自在的减法生活。

其实，“断舍离”并不是一味地丢东西，丢东西只是“初级阶段”，清扫内心才是真正的核心。

要做到真正的“断舍离”，你就必须克制自己的欲望，理性消费，抵挡各种诱惑，不要因为一时冲动而乱买东西，并将无用之物恣意摆放。

买东西，不要只图便宜，或者只凭自己的喜好。我们需要在购买前进行思考：这个东西我真的需要吗？虽然我很喜欢它，可是它真的有用吗？

要知道，物品太多有时也是一种负担。我们拥有多少东西不重要，真正重要的是，我们是否能在物质中坚守本心，在纷繁物欲中保持快乐。

05

表面看，“断舍离”只是整理房间而已，但从深层来看，它是一种清空心灵的手段。

“断舍离”的主角并不是物品，而是自己，而且，时间永远是现在。

除了丢掉无用之物，“断舍离”还要求我们放下执念，对感情之事不过分纠缠，丢掉内心的包袱，尽量活得简单淡然，使内心纯粹美好。

糟糕的情绪和执念有时就像是无用之物，不知不觉就会堆满心间，宛如三千烦恼丝，剪不断理还乱，让人难受不已。

这时候，我们不必优柔寡断，也不能放任自己沉溺在负面情绪中，要积极地直面它，将它剪断、丢弃、放下、然后获得自在。

放下过深的爱恨执念，放过别人与自己，才能让自己的心灵重归宁静。

或许此刻的你，生活和房间一样糟乱不堪，但是没关系，当你真正开启“断舍离”的模式，你的内心就会归于宁静、自在和畅快，生活也会焕然一新，素净美好。

Part 3
青春若是一本书，唯愿你翻得不仓促

年轻的时候，脱贫真的比脱单重要

01

最近在微博热搜榜上频繁看到“90后”这个关键词，相应的热搜不是“90后不想结婚了”，就是“这一届90后不想生孩子”，有人批判，觉得年轻人越来越自私了，而大部分网友的观点都是：不想结婚不想生孩子又怎样，人生是自己的，只要我乐意别人就管不着！

和朋友谈论起这个话题，她笑笑说：“这一届年轻人真是看开了，不会轻易被忽悠，也不肯向生活低头妥协。”

“那你的想法呢？”我问她。

她不假思索地回答：“我暂时不想结婚，也不想谈什么恋爱，我一个人就挺舒服的，没必要羡慕别人，再说了，结婚就一定会幸福吗？生了孩子人生就圆满了？要我说，一个人要真正独立，就必须做到精神独立和财务自由，如果一个人都过不好，那也不用指望两个人了。”

“比起恋爱结婚和生孩子，我现在更喜欢赚钱，毕竟，没有爱我还可以活得好好的，但没有钱，我的生活必定会苦不堪言，辛酸难熬！”

朋友最后这样总结道，语气很是坚定，眼里闪烁的全是努力赚钱的热情。

02

我想起前一阵在公众号后台收到的读者留言，是一个失恋的女生在深夜发来的，她想让我给她一些安慰。

“我前几天失恋了，哭了好久好久，但比失恋更痛苦的是搬家。我之前和前男友同居，分手后要搬出去，没想到房子那么难找，条件差的我看不上，看得上的又太贵，我前前后后看了五间出租房，才定下来一间拥挤、狭小但离公司地铁站只有半个小时路程的出租房。房租押一付三，我几乎花光了自己的存款，搬家那天，我舍不得花钱雇人帮我搬家，自己一个人扛着厚重的行李搬了三个多小时才搬完……我现在真的体会到没钱的艰辛了，我真是后悔以前没有好好赚钱！”

看到她无奈又委屈的留言，我也很不好受，便安慰她说：“感情没了就没了，你不必感伤。重新振作起来吧，努力工作，好好赚钱，积极生活，这样你才能让自己过得越来越好。”

相信很多在大城市里打拼过的年轻人都有这样的经历吧：因为没钱，只能选择地段不好或条件很差的出租房；因为没钱，只能省吃俭用、勒紧裤腰带生活，连外卖都只能挑最便宜的点。最困难的时候常常是一天三顿面包，连吃桶装方便面都觉得奢侈。

因为没钱，不敢去逛商场，不敢和朋友同事聚餐，想要旅行却被昂贵的机票吓退了；因为没钱，最讨厌别人借钱，也最害怕收到身边亲朋好友的结婚请帖；因为没钱，都不敢回家过年，害怕过完年给亲戚的孩子发完红包，一年的积蓄就所剩无几……

很多人都体会不到有钱人的快乐，却深知贫穷的痛苦。你问年轻人他们为什么不想结婚了，相信有很多人一定会这样回答你：“因为没钱。”

03

生活是残酷而现实的，以前没钱或许你还能找个对象结个婚，可是现在不行了。

现在要结婚，离不开钱。男方首先得有一套房子，学区房尤佳。其次还要有彩礼，礼金随地区而定。最后，你还要工作稳定，有足够的储蓄，不求你大富大贵，你起码也得踏实上进，这样婚姻生活才没那么多经济困扰。

虽然这些都不是硬性规定，但大多数情况下，结婚真的得满足这些基本条件，毕竟结婚不是恋爱，结婚不只是两个人的事，更是两个家庭的大事，关系到彼此的终身幸福。谁会马马虎虎，随随便便放低条件?

有网友吐槽道：“一个人过小康生活，两个人过平民生活，三个人过贫民生活，如果再生个二胎，那就只能过难民生活了。”

虽然这话简单粗暴，但的确是这么一回事。

04

静静算过一笔账，在大城市结婚生子，最起码也得有一百多万的积蓄才能维持日常生活，这还没算上孩子的学费、培训班、兴趣班、夏令营和商业保险等各种费用，也没考虑物价上涨、通货膨胀的影响……

静静叹着气，脸上挂着无奈的表情说：“一想到结婚生子要承担这么大的经济压力，我立马就打消了结婚的念头。我觉得现在的小日子就挺好的，一人吃饱，全家不饿，没有人打扰，也不用为谁操心。”

“我现在已经想明白了，年轻时，脱贫比脱单更重要！”

在静静看来，婚还是要结的，只不过不是现在。她现在虽然有一份可靠的工作，但存款不算很多，一个人用绰绰有余，但要撑起一个家庭还是很困难的。

“在我看来，如果一个家庭没有足够的条件，那么生再多孩子也没用，因为孩子可能得不到什么好资源。我可不想让我的小孩从小吃苦受累，为此我必须好好努力，赚够能养活一家人的钱！”

05

前一阵子电视剧《都挺好》大热，许多网友都纷纷表示想要活成苏明玉，不为别的，因为她经济独立、财务自由。

苏明玉如果没有足够多的资本，那么一切或许都不会好转，苏家那一堆破事，估计也没有人能处理好了。

所以很多人都戏谑说：有钱真的很爽，一时有钱一时爽，一直有钱一直爽。

其实，我们在调侃自己的贫穷或是羡慕别人有钱时，心里都是充满委屈、无奈和不甘的。我们立志要好好赚钱，最好一夜暴富——真正的潜台词是：让我们摆脱贫穷，赚上足够多的钱，让生活慢慢好起来。

普通人不奢望什么暴富，也不求成为什么大款，只是希望能够通过自己的双手，赚到清清白白的，又能满足日常所需的钱，而不至于穷得陷入困境，艰难度日。

谁说这一届年轻人都不想恋爱，不想结婚？

很多人心里其实都有着恋爱的念头和结婚的想法，只是在冰冷的现实面前，那些向往和憧憬都只是缥缈的美梦，让人可望而不可即。

作家亦舒在书里写道：“我要很多很多的爱。如果没有爱，那么就很多很多的钱，如果两件都没有，有健康也是好的。”

我们都想拥有很多很多的爱，也想拥有很多很多的钱。如果鱼与熊掌不可兼得，退而求其次的话，拥有健康也可以了。

为了日后的面包和爱情，我们只能选择努力打拼，坚持拼搏，好好赚钱。在年轻的时候，脱贫真的比脱单重要。

别高估短期的改变，你要坚持并对时间有耐心

01

方默突然找我聊天，问我有没有意愿要他的健身房年卡，我疑惑地问他："你上个月不是还信誓旦旦地说要坚持健身，努力让自己瘦下来并拥有亮眼的腹肌吗？怎么才过了一个月，你就着急地将健身房卡转让出去？"

方默和我坦白说："不是我不想减肥了，只是我觉得健身对我没什么用。我折腾了一个月，每天又是跑步又是卧推，又累又苦，前一阵还把韧带给拉伤了，可硬是一点效果都没有，你说我干吗还给自己找罪受啊？"

"你这才坚持了一个月，能有多明显的变化？健身是需要坚持的，不能三天打鱼两天晒网。再说了，能让你变好的过程都不会太舒服，辛苦难受是必然的，你不能承受这些，就别指望成功蜕变了。"

我劝他继续坚持下去，可他仍是犹豫不决。

他说：“可是我一朋友人家健身才半个月，身材就有了明显的变化，而我却丝毫没变，可能我不适合健身吧，如果一点改变都没有，我坚持下去又有什么用？不过是浪费时间和精力罢了。”

听到他那不满又无奈的语气，我有些理解他了，他正是期望过高，才导致失望越大。于是我对他说：“你不要高估一个月的改变，而低估半年、一年、三年的改变，别人健身半个月就初见成效，证明了健身的作用。你不必过于着急，耐心点慢慢来，你坚持三个月、半年，甚至更久，总会发生变化的。”

听了我的话，方默经过思考，权衡利弊，打算继续坚持运动三个月。前两个月他的体重没有减少多少，但到了第三个月，他悄然有了变化：肚子上的赘肉少了，双下巴不那么明显了，体重轻了五公斤，整个人看起来精神多了。

他兴奋地发了条朋友圈，晒出自己健身前后的照片，并说：“这就是坚持的力量，我要一直健身下去，期待更多的改变！”

02

公众号后台一直有读者留言，问我怎么样才能出版一本属于自己的书。我总会这样回复他们：“多看多写多积累，等你写得足够好的时候，出书就不再是难题了。”

有一位读者甚至添加了我的微信，语气诚恳地向我取经："我很想出版自己的书，现在我已经写了一些文章了，你能帮我看看这些文章能凑成一本书吗？"

我欣然答应，看了他的稿件后，我发现不少问题，但还是鼓励他继续写："你的文章需要进行修改，而且量太少了，你需要写出更多优质的文章才行，毕竟一本书的字数一般都在十万字左右！"

他又问："那你说我再写一两个月，能出书吗？"

我告诉他写书的时间因人而异，主要是出版流程耗时，这回他自信地说："没事，我知道有位网络作者一个月就写完了一本小说，我文笔不差，努力一把也能像她一样！"

他这么一说，我也不好意思打击他："那你先坚持每天写作，每天修改文章吧，先尝试去做，总会有所收获。"

然而还不到一个月，他就放弃了。原因是他投给好几家出版社的样稿都没通过选题，这让他心灰意冷，每天写作也感觉不出什么改变，越写越烦躁，越写越没劲，索性放弃，接受失败。

03

他口中的网络作者我认识。那是一位很努力写作的作者 F，F 有自己的工作，但不管工作多忙，她每天都会抽出时间来写作，坚持每天更新至少三千字。

那位读者只看到她在一个月内就完成了一本20万字的连载小说，却不知道她坚持写作五年时间，写下了几百万字的小说。起初她写的小说并不受读者欢迎，存在的问题很多，但她没有因此放弃，她不断反思、总结，提升自己的写作技能，她花了两年多的时间才终于写出了一本点击量和读者反馈都很不错的小说。

别人看到她取得的成绩，以为她很厉害，天生就擅长写作，可事实上她是努力了好久好久才走到了今天。

都说日积月累、厚积薄发，量多才能引起质变，没有量的积累，何来质的飞跃?

F曾说过一段话："不要幻想什么一夜成名，没有这样的好事，就算有，也别奢望它发生在自己身上。你我都是普通人，要想成功就得熬。我身边很多写小说的作者常常写了一个月的小说，因点击量不高就放弃了，他们都渴望成为千万级别的大神，可连坚持写作一年、五年，甚至十年的毅力都没有，何以成名？"

这世上很多事情，都不是一朝一夕就能做成的，外人眼里成功不过一瞬间的事，但只有经历过的人才知道，通往成功的路漫长且曲折，需要耗费大量的时间与努力，那些没有耐心的人注定永远徘徊在成功门外。

04

前一阵子遇见一位前辈，他在职场多年，经验丰富，如今已成为令人瞩目的企业高管，手下们都对他特别敬重。

询问起他的职场经验，他笑着和我说："要想在职场上立于不败之地，就得持续学习，不断提升自己的能力。当然，你还要记住一点，你要对时间有耐心。"

前辈在职场里见过了太多没耐心、工作坚持不下去的人，对此特别有感触。

当年他和另一位优秀的校友一同进入公司，身为应届毕业生的他们没有工作经验，只能从基层做起，最初的工作只是听各部门的领导差遣，干一些办公室的杂活。

那位校友心气很高，总觉得打杂跑腿这些琐事是无用功，公司让他从基层做起简直就是大材小用，于是态度消极，做事懒散随意，还没做完一个月，就想着辞职。

前辈劝他踏实一点，努力做事，他反驳道："都快一个月了，我们还在做那些临时工才做的事情，根本学不到什么东西，没法成长，我看公司就是不重视我们，把我们当成廉价劳动力！"

后来那位校友因为工作枯燥，看不到自身成长，便在试用期还不到一个月的时候辞职了，而前辈没有被他带偏，依旧坚持在自己的岗位上工作，每天勤勤恳恳地干活。

在第二个月，领导将前辈安排到了公司最好的部门，让他正式接触公司的业务。在基层摸爬滚打一个月，前辈对各部门的事务都很熟悉，工作很快就上手了，而且表现相当出色。

回想起这段经历，前辈感慨道："不要小看在基层的工作，虽然与公司主要业务无关，但却让我得到了锻炼，使我各方面能力得到提升。在与各部门同事的接触中，我知晓了不少人情世故，还链接了有用的人脉，可谓一举多得。那位校友其实能力不比我差，只是他太过着急，没有耐心，不肯踏踏实实地坚持努力。"

最后，前辈总结道："连一个月都坚持不下去的人，能有多大成就？没有耐心的人，做不成大事。"

05

诚然，很多人之所以做不成事情，不是他们能力不行，而是因为他们不够耐心，做不到坚持，他们常常高估一天、一周和一个月的变化，却低估一年、五年、十年的长期改变，无论怎么努力，都没能持续下去，三天打鱼两天晒网，注定一无所获。

改变是需要时间的。就像学英语一样，你首先得记住 26 个英文字母，才能学会拼写单词，当你连字母都记不全时，又怎么可能完全掌握英语这门语言？

学习是需要循序渐进的，生活也一样，努力需要坚持，你要对时间有足够的耐心，而不是急于求成，渴望一劳永逸。

三毛曾写道："生活，是一种缓慢如夏日流水般的前进，我们不要焦急。一切，总会来的。我要你静心学习那份等待时机成熟的情绪，也要你一定保有在这份等待之外的努力和坚持。"

渴望改变的你，不要急于在短时间内看到成效，你先坚持努力，对时间有点耐心，如果方向是正确的，那么坚持努力的你总会比过去更进一步。

自由职业者不上班的活法，没想象中那么轻松

01

小映在本科毕业一年后辞职了，裸辞，理由是她不想再被公司“剥削”了。在她工作的一年时间里，她累死累活、加班无数，到了周末连喘息的时间都快没有了，然而她的上司还觉得工作量不大，想着法儿给她加任务。她每天忙得不可开交，压力如山，身心俱疲。

她的薪水并不高，平时加班没有加班费，连周末工作都没有什么补贴，更让她生气的是上司对她并不友好，总是批评她、指责她，她每天上班状态特别差。

小映在一次工作中没有留意细节，出了点差错，被上司劈头盖脸骂了一通，她当下实在忍无可忍，反驳了几句后，立即回到工位向人事提交了辞职申请书。

小映说上司的责骂不过是导火线，她在那之前的六个月里就想

好了辞职，在她收拾东西离开办公室的时候，她感觉神清气爽，好像又重新活了过来。

02

在小映辞职后的一个月里，她过得非常爽，每天睡到自然醒，不用像往常那样定无数个闹钟然后早起去挤地铁，也不用加班到晚上饿着肚子回家吃泡面了。

在不上班的日子里，她无所事事，开始没日没夜地追剧、打游戏、看漫画，慵懒闲散地过着日子，虽然没了约束，却也有些无聊。

后来她不再成天宅在屋子里，而是每天出门，去逛公园、博物馆、看展览、听音乐会、泡图书馆，甚至到各地旅行。日子过得很快，她感觉惬意的同时却又倍感迷茫：这样的生活无疑是比上班时轻松的，但她也面临很多问题——她不工作就没了收入，存款快要花光了，每天入不敷出，连社保都快交不起了。

于是，小映开始慌了起来，感觉就是猝不及防地从云层摔了下去，那种一直往下降的滋味让她无比煎熬。

小映尝试着做了几份兼职，收入微薄，无法支撑她的生活。迫不得已之下，她开始疯狂地投简历，然后约面试，和各大公司 HR 互相较量。最后她收到了 offer，找了一份还过得去的工作，又恢复了从前朝九晚六的上班生活。

我问小映做自由职业者的体验怎么样，她想了想，苦笑了一番说："当自由职业者其实并没有想象中那么简单，它看似自由，却也有很多不足。比如没有公司为你交社保，每月的收入无法保障。只能说理想很丰满，现实很骨感吧。"

03

我身边的很多年轻朋友都在做着一份自己并不喜欢的工作，上班时缺乏热情，每天机械性地干活，过得焦虑又烦躁，每个月都有三十天想要辞职，迫于压力只能忍着，继续在公司里上班。

网上有个段子是这样说的：不要骂职场里的年轻人，他们会辞职的。你可以毫无顾忌地骂那些中年人，不管骂得怎么凶，肩负着房贷车贷等一系列生活压力的中年人都不会轻易辞职的。

这话有点道理，但仔细想想，比起在职场上挨骂受训，年轻人更讨厌的是公司给自己画大饼，只谈什么所谓的理想而不谈钱。

有人说当代年轻人离职的原因不外乎这两条，一是受了委屈，二是钱没给到位。的确如此，有些公司一而再地使唤、压榨员工，不付给员工应得的报酬，却一个劲儿地要求员工卖力一点，无私奉献，你跟他谈工资，他会回你："年轻人谈什么钱，理想不是最重要的吗？"

朋友冷语在听到上司这句颇为狡诈的话后，不假思索地回答他：

“别跟我谈理想，我的理想就是不上班。”

冷语在说完这句话的一个星期后离职了，也是裸辞，但她目标明确：短期内不打算找任何工作，她要成为一名自由职业者，不再给公司打工，而为梦想奋力拼搏。

冷语不是一时冲动辞职的，她深思熟虑很久了，而且她攒了一些存款，足够她生活半年了。

她的计划是成为网红，有了一定的粉丝后就积极转型，努力变现。为此，辞职后的很长一段时间里，她一直没闲着，又是学PS，又是学剪辑，连带学了新媒体运营、网络营销和摄影课程。

最初，她打算做一名摄影博主，每天在各大平台发精修过的风景照和人物照，但鲜有人关注。无奈之下，她转去拍小视频。努力拍了几个月，好不容易涨了几万粉丝，却没有合适的商家投放广告。她心灰意冷，宣告网红梦破灭，老老实实地找了别的兼职，继续运营自媒体账号，不再奢求一夜爆红，而是想着踏踏实实走出一条路来。

04

大董是我朋友圈里一个能靠本事养活自己的自由职业者。他还在职场时就一直坚持写作，直到粉丝破了十万，公众号每月的收入都算稳定，而且高于工资时，他才下定决心辞职。

如今的他单靠自媒体写作就能赚到比以往工资还高的钱，但我问他不上班的生活怎么样时，他和我实话实说：“说真的，自由职业者并没有大家想象中那么自由轻松，我不是不上班，不是不工作。我虽然不被 996 工作制度约束，但我为了赚钱很多时候工作都是 007！”

作为自媒体人，大董每天的任务就是写文、改文、发文，看似简单，却也枯燥麻烦。

身为乙方，大董总是反反复复地修改广告文案，被甲方虐得要死要活，有时连假期都要熬夜赶稿，为此他已养成随身携带笔记本电脑的习惯，这样无论是在咖啡厅、餐馆、机场还是高铁上，只要一有商业合作，他就能随时随地打开电脑工作。

大董说，真正的自由职业者虽然工作时间、场所自由，但那也不代表自己就能随心所欲，自在逍遥。自从当了自由职业者，大董更焦虑了，因为各种合作不太稳定，每月的收入时高时低，他很难控制，再者，家人不理解他的工作，只觉得他不务正业，这让他颇为烦恼。

我认识的一个离开体制、独立创业的自媒体达人琳达，她用亲身经历告诉我，要当一名自由职业者并不容易。自由职业者需要高度自律，并做到持续努力，不断提升自我，“千万不要因为冲动地裸辞而成为自由职业者，自由职业者需要你有养活自己的技能和高度的自律力，加上韧性和耐心。很多人只是没工作而已，并非自由职业者，在我眼里，自由代表的是财务自由”。

05

或许你现在也苦于职场生活，觉得眼前这份工作做不下去了，于是想要辞职，甚至想当一名自由职业者。

每当你有这样的念头时，你一定要保持清醒，用理智的头脑去思考这些问题：

“你真的渴望成为一名自由职业者吗？”

“你不上班，还能用什么技能养活自己？”

“你准备了足够生存几个月的储蓄了吗？”

“你的未来有了清晰而具体的规划了吗？”

如果你对这些问题还是感到困惑或迷茫，那么请你不要因一时冲动而裸辞，也不要随随便便离开职场，逃避现实的人最后都会后悔不已。

相信很多人现实生活中的工作都不甚理想，于是渴望自由，无拘无束，但为了逃避现实而裸辞是不理智的，财务自由也不是短期就能实现的。

自由职业者的“自由”是需要付出代价的，并不是所有人都适合走这一条路，它看似简单，却一点也不轻松。你真正经历过，就会明白，上班族有上班的痛苦，而自由职业者也有自己的苦衷和辛酸，其实没什么好羡慕的，上班有上班的活法，不上班也有不上班的活法，只要你喜欢，每一种活法都是可以的，选择没有对错，人生的路你要自己决定怎么走。

作家金兰都曾写过这样一段话："要改变长时间与工作敌对的状态，改变原来一成不变的思维模式，就要用全新的思维角度，饱满的劲头，去寻找和创造只属于自己、最适合自己的，能从事一生的职业，而不是满足于找到一份只够养家糊口的工作。"

是的，我们需要的不只是一份简单的工作，或者不上班的生活。我们真正渴望的，是做一份属于自己的工作，过能给自己带来未来的人生，为此，从现在开始努力，为寻找最适合自己、能赋予自己价值的职业而奋斗，为了自己的梦想与未来工作吧。

那些不知不觉就老了的人，到底经历了什么？

01

过年回家，我和一位熟识的姐姐相聚。梓姐是 1990 年出生的，算是第一批“90 后”，如今 29 岁，离 30 岁不远了。

谈话间，梓姐表情惆怅，眉头紧皱，叹着气和我说：“我二十出头那阵，总是笑着说快奔三了，如今我是真的快三十了，时间过得真快！”

“回顾我的过去，好像二十岁就在昨天，想来也不是特别遥远，可是仔细算来，那也是快十年前了，我现在还没做好变老的准备，也没活成自己想要的模样，可惜时间不等人呐……”

她一边喝着酒，一边断断续续地向我诉苦、抱怨，语气里全是无奈、委屈与辛酸。

她实在是想不通为什么自己年近三十，却还是活成了现在这副模样，而我与她相识多年，一路看着她在人生路上前行，也觉得她除了每年增长的年纪外，其他都没什么变化。

那么，梓姐这些年究竟是经历了什么，才会这样不知不觉就迈向了让她惶恐不安的三十岁？

02

梓姐上了初中后，学习成绩就不是很稳定，到了高中，她的成绩更是糟得一塌糊涂。她不聪明，虽然努力却还是学不好，整天不知道想些什么，连父母都对她无语了。

高考结束后，梓姐的成绩惨不忍睹，只能勉强读一所家乡的大专院校。虽然有些不情愿，但梓姐还是去念了大专。之后，虽然她家里的经济情况并不怎么好，她却还偏偏选择出国深造，想给自己的学历镀上一层金。

她去的是东南亚旅游国泰国。她在泰国留学期间，学习没怎么认真努力，吃喝玩乐倒是很起劲，三天两头就和几个同样不爱学习的同学跑到海边度假，尽情地享受旅行之乐。

等毕了业，她才开始着急找工作。因为她能力有限，找到的工作要么不靠谱，要么薪资太低。她家人为她担忧，便联系了有人脉的亲戚，走了后门才给她找到了一份清闲安稳的工作。

梓姐工作后，也没什么改变，照常吃吃喝喝，一天到晚都想着去哪里旅行，所以工作几年了都没攒下什么钱。因为工作太安逸，她的生活失去了斗志，从未想过什么升职加薪，脑子里只有诗与远方，日子过得浑浑噩噩。

去年梓姐才意识到这样生活的弊端，于是毅然辞职，前往深圳，打算重新开始。可她没想到找工作是一件无比艰难的事情，她要学历没学历，要能力没能力。既不够年轻，也不够出色，面试了好多公司，最后只有一家小公司录取了她。

和她一同工作的员工都比她小，但做起事来却比她利索能干，因此工资也比她高一些。

梓姐觉得自己受到了委屈，时不时就会向朋友抱怨。可她光抱怨，却不用行动改变自己的现状，日子得过且过。不知不觉，就这样走到了今天。

如今的她年近三十，没车没房，也没多少存款，没有可以安身立命的事业，也没有令人艳羡的爱情。一到过年她就焦虑不已，想要躲着给她介绍相亲对象、为她担忧操心的父母。

“你说，我怎么就活到了三十岁的年纪了？我感觉自己还有很多事情没做，还有很多梦想没有实现呢！”梓姐喝醉了酒，双眼微红，泛出一丝泪光。

03

我虽然有些心疼她，但心里却在替她回答着：“你活成现在这个样子不怪别人，只能怪你自己。你要怪就怪那个不思进取、荒废光阴的自己吧！”

都说三十而立，在许多人眼里，三十岁或许代表着一份稳定的工作和一个美满的家庭。当然，不同的人有不同的标准，我身边也有一些三十岁的朋友，他们当中有的已经买了房、结了婚，有的经营着自己的事业，却苦于没有对象，还有的生了孩子，成了凄惨的房奴……

在观察了一些三十岁的朋友后，我发现一个生活的真相，那就是：一个人二十几岁的努力，决定着三十岁的生活状态，年轻时那些选择打拼奋斗的人和不努力工作的人差距真的很大。

时间是公平的，你把时间用在哪里，你自然就会成为怎样的人。

很多人拿年轻当成自己迷茫、不作为的借口，却不知道二十多岁一直迷茫的人，到了三十岁后可能会更迷茫。

不知道生活中有多少像梓姐这样，不知不觉到了三十岁，才发现自己一无所有的人？

一个人的青春其实很短暂，二十多岁的日子并不漫长，时间转瞬即逝，人真的是说老就老了。

很多人都懂得这个道理。只是他们明知如此，却偏偏任性地生活，得过且过、蹉跎岁月，最后只能无奈地接受现状、怨天尤人。

04

每个人都有自己所向往的生活，没有人能为你做出选择。你的生活是需要你自己去努力改变的，如果你没有努力，虚度了时间，那就别向世界抱怨了，因为你现在的生活都是自找的。

其实人生没有什么标配，不是说到了三十岁你就一定要成家立业，事业有成，生活的方式是你自己选择的，也是你一步步走出来的。

我对三十岁后的生活，没太多的要求，只是希望那时的生活能让自己满意，是我所喜欢、期待的模样。

和朋友聊起天，发现他们对三十岁都有些恐惧，觉得自己不能担负那么重大的责任，我一度很害怕变老，但随着年龄的增长，我不再为此发愁，毕竟衰老是人生的必经之路，谁都不能抵御岁月的侵蚀。

其实三十岁不可怕，变老也没什么大不了，真正可怕的是我们到了一定的年纪，依旧没有资本和能力过上自己想要的生活。

生活的方式不止一种，没有什么绝对正确的生活，只是我希望我们都能从容不迫地活着，不虚度时光，不浑浑噩噩度日，不攀附，不凑合，不将就，不抱怨，认真生活，努力追梦，脚踏实地，每一天都朝我们期待的远方前进。

别不知不觉到了三十岁、四十岁，才发觉自己挥霍了青春，将二十多岁过得一塌糊涂，明明心有所向，而自己却一无所有。

希望等我们到了三、四十岁时，都有十足的底气对自己笑着说：“无论三十岁还是四十岁，我都已经准备好了，此时此刻就是我想要的生活。”

那些原生家庭欠你的，你得自己找回来

01

之前我在追一部热门电视剧《都挺好》，越看越气。

《都挺好》讲述的是苏家一家人的故事，他们一家人除了苏明玉，真是一个比一个气人。苏母重男轻女，偏爱二哥；苏父窝囊懦弱，虚荣又自私；大哥愚孝，满口责任，却连自己的小家都照顾不好；二哥则是个“妈宝男”，脾气暴躁，啃老又自私，对妹妹尤其无情。

《都挺好》这部剧并不像它的剧名一样温暖和谐，相反，它给我们展现的是生活糟糕不堪的一面。聚焦于原生家庭，又涉及重男轻女、家庭矛盾、夫妻争吵、啃老坑爹等一系列社会问题，极其戳心，尤为现实。

让我特别难受的一点是，糟糕的原生家庭带给了苏明玉无法释怀的伤害——苏明玉从小就得不到母亲的关爱，母亲可以为了大哥出国留学、二哥找工作而卖掉明玉的房间，却舍不得花钱让明玉读清华大学，甚至对她放狠话：“你是女孩，将来要嫁人的。”

“我们只能养你到十八岁。”

得不到关爱的苏明玉被迫上了免费的师范大学，她也被迫坚强起来，年纪轻轻就不得不扛起了生活的重担。

所幸，个性要强的她前途并没有因此被毁掉，她遇上了赏识她的伯乐，在商界突出重围，打拼出了一条光明之路。

02

生活本来就是一地鸡毛，最难过的是原生家庭欠你的，你还得自己找回来。

越看这部剧，我越感到扎心，因为这个故事犀利又现实。我看了网上很多评论，有很多人的家庭都存在这样“重男轻女”的现象，而且那些女孩们受到的痛苦和伤害一点不亚于苏明玉。

有的网友说，自己母亲简直就是苏明玉的翻版，母亲为了舅舅没少受苦受罪，可亲生的外婆非但不待见她，还一直逼迫她、压榨她。

还有人说自己就是生活中的苏明玉，父母重男轻女，只疼爱弟弟，没钱供自己读书，只能辍学打工。每月不仅要给父母寄生活费，还要承担弟弟的学杂费，压力重如泰山，生活苦不堪言……

有很多人则表示不理解，觉得这部剧一点也不现实，因为他们身处的环境和家庭完全让他们看不到半点这样的影子。

可是，中国实在太大了，有无数个他们看不到的悲惨家庭。要知道，现实生活中比苏明玉一家还要悲惨、凄凉的家庭绝对不在少数。

尤其是一些落后地区，重男轻女现象异常严重，有些父母固执保守、思想落后，怎么改也改不过来。

我认识的一些亲戚、同学家里就是这样的，女生不被重视、不受待见、不能读书，甚至还被家人逼着外出打工供弟弟生活，连嫁人的聘礼都要留着给弟弟买婚房……

03

这部剧最戳中现实的一点是：原生家庭带给人的疮疤，可能会伴随孩子一辈子。

谁都没法否认，重男轻女的思想，直到今天依旧没有完全消除。而活在糟糕的原生家庭里的孩子，大都自卑懦弱，心里有着难以磨灭的创伤。

毕竟在现实中，不是每一个可怜的女孩都像剧里的苏明玉那么幸运——明玉聪明能干，有指引她的师父，虽然心里苦，但起码能够独立坚强地活着，不差钱。她是不幸的，但和那些更悲惨的“明玉们”比起来，她是不幸中的万幸。

很多观众表示看到这样的家人太气愤了，没法接受大团圆结局，可是试想一下，不大团圆又能怎样呢？

亲人始终是明玉无法割舍的一部分，她没法重新选择自己的父母。她可以不原谅所有人，但最好的结局不是她众叛亲离，而是她真正放下，真正从原生家庭的阴影中走出来。

就像剧里的一句台词：做家人久了，难免就会有积怨。父母卸下父母的身份，其实就是普通人，我们也不是完美的儿女。

原生家庭欠你的，你得靠自己找回来。找不回来就是一场灾难，找回来就“都挺好”。

苏明玉承受了很多痛苦辛酸，但她终究是挺过来了。她一个人与父母抗争，与原生家庭抗争，最后她还是胜利了。她个性要强、雷厉风行、独立决绝，拥有足够多的资本，哪怕没人家人陪伴，她也能过得好好的。

她最后不是选择原谅，也不是忘记了过往，而是释怀，然后真正地放下一切，开始自己新的人生。

04

生活中，糟糕的原生家庭随处可见，原生家庭对孩子有一定影响，但不要满身戾气，将生活中所有的不如意都归咎于原生家庭。

我认识一个很丧的青年大洋。他从小家境贫寒，父母都是没有文化的农民，含辛茹苦供他念书，他却不争气，在学校里自卑得很，一直嫌弃自己的父母，高考考砸了就自暴自弃，随便报了一所专科院校，吊儿郎当地混日子。

大洋现在混得很差，没房没车没存款，工作一不顺心就立马辞掉。每逢见到熟人，他都会抱怨一通，将自己糟糕的现状归咎于贫穷无知、让他丢脸的父母。

他觉得自己没考上好的大学是父母的错，没找到好工作是父母的错，没房没车没对象也是父母的错。

他常常把一句话挂在嘴边："我这辈子就是被我的农民父母给毁了，如果有下一辈，我一定不会做他们的儿子！"

大洋变成如此不堪的模样，都是原生家庭的错吗?

不，原生家庭不背这个锅。请不要将自己的不幸全都归咎到原生家庭，正如国内著名媒体人苏芩说："20 岁前的人生是父母给的，20 岁后的人生是自己给的。别把自己的窘境迁怒于别人，我们唯一可以抱怨的，是不够努力的自己。"

朋友元媛的原生家庭非常糟糕。父母文化水平不高，重男轻女，一切以儿子为先，舍不得给元媛买辅导资料，却舍得为儿子买游戏机，一直溺爱儿子，却对女儿异常冷淡，仿佛只有儿子才是他们亲生的。

元媛为此非常痛苦，得不到关爱的她只能拼命学习，想要借高考逃出糟糕的家庭。高考那年，她考出了全县第二的成绩，想要报北京的大学，去被父母制止，理由是"女孩子迟早是要嫁人的，大学随便读读就行，何必要大老远跑去北京读，家里又没有闲钱"。

元媛抗争了好久，执意要去北京念书，为此和父母闹翻了。父母退让了一步，说去北京可以，但他们不会给她学费。元媛气得不行，但还是报了北京的好大学。之后她利用暑期不停打工，四处筹钱，最后如愿以偿到了北京。

元媛很是争气，到了北京后她刻苦学习，不断奋斗，比同龄人吃了更多的苦头。多年过去，她早已不是当初那个懦弱自卑的女孩，她从父母嫌弃的丑小鸭蜕变成了耀眼能干的女强人，成功摆脱了原生家庭的阴影，活出了自己渴望的模样。

元媛说："我无法选择自己的原生家庭，但我可以努力改变自己的命运。我的父母伤害过我，但我依旧有选择人生的权利。我不断努力，奋斗到今天，就是为了证明给我父母看，我不依赖任何人，单靠自己也能活得很好！父母给不了我的，我就自己去争取！"

是的，我们没法选择自己的原生家庭，但我们能选择自己的活法，能够尽全力去过自己想要的生活。

记住，你要对自己的人生负责，积极地活着，千万不要让原生家庭的不幸成为你通往幸福之路的障碍。

希望现实生活中的"苏明玉"都能和电视剧里的女主一样，既努力又坚强，够勇敢也够温柔，能用实力养活自己，不攀附也不依赖任何人，以独立美好的姿态摆脱原生家庭的伤害。

在成为“斜杠青年”之前，请专注地做好一件事

01

在“斜杠青年”这个概念火起来后，很多年轻人都在想方设法地多学一些技能，多掌握一些本领，好成为那种看起来厉害又可靠的人才。

何为斜杠青年？简单来说就是拥有多重身份、在不同领域都做得出色的人。比如一个青年作者，他很可能拥有“摄影师”“自媒体运营者”“手绘达人”等多个标签。每一个标签都是一种能力的证明，使人看起来光鲜夺目、厉害耀眼。

我身边就有很多这样的斜杠青年，他们不仅本职工作做得出色，就连副业也搞得很有起色。有些人甚至能够成为某个领域里的大咖，单靠经营副业就能养活自己。

大玲的本职工作是一名会计，她因为喜欢写作，便运营了一些

自媒体平台，并持续在平台上发表文章。起初，大玲没有多少读者，文章阅读量少得可怜，但她没有轻易放弃，而是坚持每天写两千字，每天在网络上发表文章。

这样努力又自律的她，因为写了一篇阅读量超过十万的爆文迅速火了起来，各大平台纷纷转载她的文章，粉丝数噌噌往上涨，一夜之间她就有了好几万粉丝。在那之后，大玲没有见好就收，而是更加认真地写文，持续不断地输出，如今她运营的平台粉丝总量超过三十万，她在自媒体赚到的广告费早已超出了正业的工资。

大玲并不满足于单纯地写文，她在职场混迹多年，拥有着非常丰富的职场经验。在读者的强烈要求下，她开起了有关职场知识的线上课程，不仅赚到了钱，还受到了用户的一致好评。

如今的大玲算是一个名副其实的斜杠青年，拥有专业会计、自媒体写作者和职场讲师三重身份，不仅被更多人知道和认可，还因此多了本职工作之外的收入，可谓一举多得。

02

和大玲一样，陈麦也是个不折不扣的斜杠青年，她不仅是一家公司的白领，业余时间还是一档网络电台的主播，每晚都用温暖的声音治愈那些孤独的听众。

陈麦之所以运营网络电台当主播，是因为在她最迷茫的那段时间里，一档档温暖治愈的电台节目陪伴她度过漫长黑夜，让她有勇气直面生活，一步一步从困境中走了出来。

相比本职工作，她更热衷于成为一名电台主播，她渴望用自己的故事、情感和声音去安慰那些受伤的听众，鼓励那些迷茫的朋友，让他们在声音中得到治愈，燃起对生活的希望，然后勇往直前，努力朝梦想前行。为此，哪怕她白天的工作有多苦多累，她每晚都会不辞辛劳地录制电台节目，然后上传到网站上与听众们分享。

陈麦因为声音动听出色，目前已和电台签了约，成为了平台认证主播，每晚都用治愈的声音和温暖的故事安慰着听众朋友。她不仅得到了一笔业余收入，还收获了一大批忠实的粉丝。

陈麦的电台还在不断发展着，而她并不满足于此，最近她打算辞去工作，专注于录制电台节目，未来还有运营多个自媒体平台的打算。但不管怎么看，她的未来都宽阔平坦，耀眼夺目。

03

大家都很欣赏并羡慕这样的斜杠青年，有时真恨不得自己也能掌握多项技能，在多个领域里混得风生水起，成为别人眼中的专家、大咖。

朋友阿金一心想成为身上贴着多个标签、厉害又强大的斜杠青年，为此他报了很多班，还购买了很多线上课程，跆拳道班、手绘班、日语速成课、从入门到精通 PS、Python、快速运营自媒体……

阿金在一所银行就职，本来工作任务都很繁重了，可他偏偏还要从百忙之中挤出空余时间去学习这些技能，以至于周末都安排得满满当当地，连休息、娱乐的时间都没有了。

几个月过去，我再见到阿金，和他聊起天来才发现，他并没有真正掌握哪一门技能，也没能成为一名斜杠青年，反而因课程太多造成休息不足，还严重影响了他日常的工作，可谓得不偿失。

阿金满脸不悦，叹着气和我说："真是理想很丰满，现实很骨感啊。我本来想着多掌握一门技能，就能多一条生存之路，可没想到我花了金钱、时间和精力，现在跆拳道还是不精通，手绘水平也只是一般般，就连日语基础都没巩固好，那些线上课程我看了好多，都是看完就忘，收获很少……成为斜杠青年怎么那么困难啊？"

我笑着对他说："其实你不必那么羡慕那些斜杠青年，热爱和兴趣才是学习和求知的最大动力。你太过功利，又急于求成，自然不会真正掌握本领。依我看，你不该执着于别人的光鲜，你要先做好自己的本职工作，同时专注于你感兴趣的方向或领域。坚持学习、认真练习，那样才能真正做好一件事，真正掌握一项技能。"

04

不瞒大家，我也曾是一个追求成为斜杠青年的人，因为在我看来，有那么多标签加在自己身上，总是显得既厉害又强大。

于是，我千方百计地去学习一些看起来很厉害的技能，比如学习摄影修图、视频剪辑和软件编程，还信誓旦旦地定下目标，要在一年后成为多个领域的专家，并凭此赚钱营生。

只是梦想和现实存在着一条巨大的鸿沟，需要时间和努力才能一步一步跨越。我自学摄影和修图，可总没有什么长进。视频剪辑需要耐心和练习，而我总是以太忙作为借口，拖着不学不练，至于软件编程就更不用谈了，我基础不扎实，又实在没有兴趣，很快就放弃了。

再后来，我抛弃了一定要努力成为斜杠青年的念头，专注于自己喜欢的写作，成功与几家公司签约，出版了几本书籍，也算是小有收获。

因为我除了写作还有本职工作，又在运营自媒体平台，所以朋友们都笑着称呼我为“斜杠青年”。

这让我明白了一件事，那就是你不必追求掌握太多的技能，你要先做好本职工作，只抓到自己的兴趣爱好所在，然后专注于某一个领域，然后认真努力地去学习、尝试、探索，不断地去练习、试错、反思和改进，坚持下去，你必定会有所收获。

正如作家成甲所说：“斜杠是提升认知深度的结果，而不是追求多元的结果。”

生活中有太多人渴望成为斜杠青年了，但他们没有意识到，真正的斜杠青年并不是什么都会的人，而是那些只在自己喜欢、感兴趣的领域擅长某件事的人，他们会是某个行业里的能人、专家，却不一定是万事皆通的全能大神。

所以，你不要只顾着做一个标签很多的斜杠青年。你要精，不要多；你要目标专一，不要盲目地浪费时间；你要努力去成为某一个领域的专家、大神，而不是做什么都会但只是略懂皮毛的普通人。只要在一个方向上特别出众，就已经足够优秀了。

千万不要因为忙于追逐那些所谓的标签，而忽略掉眼前的工作，那样只会因小失大，得不偿失。

记住，你应该在做好自己工作之余，找好自己的方向，根据自己的喜好去学习一个领域的技能，认真且专注地做好一件事，并付出努力、坚持下去。等你真正掌握一门技能，成为那个领域的达人时，你自然就离斜杠青年不远了。

那些北漂的年轻人，后来都怎么样了？

01

如果让你选择，你是会留在家里安安稳稳地过日子，还是会到大城市里闯一闯，过上打拼奋斗的辛苦生活？

每个人都有自己的选择，选择无关于对错，自己喜欢就好。

我一直以来的想法都是离开家乡，去大城市闯闯，趁自己还年轻，多做一些能够提升自己的事情。辛勤工作、努力奋斗，为自己那拥有无限可能的未来尽情地挥洒着汗水。

因为，我真的不想过上那种庸庸碌碌、平淡无奇的日子，那种一眼就能望到头的生活，我不喜欢，也不想要。

之前大热的网剧《北京女子图鉴》讲的就是不满足现状的北漂故事。剧中的女主角陈可是一个不愿待在老家将就的人，她不满足于在家乡小镇当一个公务员，也不想随随便便就找个对象结婚生子。

她不想像自己的闺蜜一样，嫁给一个差不多的人，办一场差不多的婚礼，过一种差不多的生活。

所以，在陈可看到连高中都没有毕业的同学王佳佳赤手空拳也能在北京过得很好后，她更加坚定了去北京打拼的念头。

然而，当陈可真正踏入北京时，她才意识到现实有多么残酷冰冷——她被男朋友甩了，差点被老乡侵犯，四处找工作却没一个公司肯录用她。走投无路时只好投奔自己的同学王佳佳，却发现表面上光鲜亮丽的王佳佳原来一直住在一间又小又破、手机信号还特差的地下室里……

理想很丰满，现实却很骨感，北漂的生活怎么可能一帆风顺?谁不是在摧筋断骨、痛哭流涕后，才能学会咬牙忍耐、笑对人生?

02

“北京这座闪光的城市，改变了所有投入她怀抱的人，也即将改变我。”

陈可的第一份工作是朋友介绍的，一天到晚站在前台接听电话、做各种杂七杂八的事情。她并不喜欢那份工作，在她看来，别人给你介绍什么样工作，就代表你在他心里到底有几斤几两。后来她在酒局上认识了几个老总，托关系才进入了一家外企，正式开始职场生涯，然后一步一步，向着自己的目标不断前进。

“北京，真是个拥有无限可能的城市，我们都是这其间拥有无限可能的人。”

可是，北漂的生活尤为艰辛酸楚。梦想和现实之间，实在是天差地别。

你以为只要到了北京，就能赚到大钱并混出名堂来吗？

不，你错了，生活没那么简单，北漂也绝不像你想象中那么容易。

每一天都有无数个青年男女怀抱着自己闪闪发光的梦想拥入北京，而到最后，一些人因为梦想受挫，只能灰头土脸地逃离了北京。真的只有很少一部分人能够实现自己的梦想，并在北京站稳脚根，过上还算不错的生活。

03

王哥在毕业那年乘坐火车去了北京，在他眼里北京遍地都是金子。只要自己肯努力，就能混下去，只要自己努力工作，衣食无忧的日子就指日可待。

可他想不到的是，自己的本科学历会被许多家公司嫌弃。他毕业于一所非 985、211 大学，资质和能力都很一般，而他又有点眼高手低，不是公司看不上他，就是他嫌弃给的工资低。

结果他来北京快一个月了，连一份靠谱的工作都没找到，而他身上的钱已所剩无几。为了维持生计，他不得不勉强自己，做了一家小公司的保安，待遇一般，月薪两千，好在包吃包住。

王哥曾经过了一段特别痛苦的日子。他一个人住在地下室里，感冒发烧了还得忍着继续工作，加班到最后一班公交都没了，他硬是走了好几公里，实在走不下去了才想着打车。

有天晚上他家人给他打来电话，问他工作怎么样了，那时的他正吃着一碗泡面，但却笑着和家人说："爸妈，你们就别担心我了。我现在正和同事聚餐呢，吃的是火锅，牛肉、鸭肠、百叶什么都有，我在北京过得可好了，老板特别看重我，我住的房子也挺舒服的，我什么都好，一切都好……"

等挂了电话，王哥的眼泪猛地掉落下来，他并不喜欢吃泡面，但那是便宜又管饱的食物，他为了省钱交房租，整整吃了一个月的泡面。

他努力让父母不担心自己，一个人默默忍受着贫寒困顿的生活，没有人能够帮他摆脱困境，他只能自己在困境中努力地挣扎。

04

小桉毕业后孤身一人去了北京，她的父母都不看好她，在他们看来女孩子就不该那么拼命地工作，嫁给一个有车有房的好人家才算是本事。

可小桉不愿听从父母的安排回家考公务员，也不想那么快就相亲找对象，然后成家生子，一辈子过平平淡淡的生活。

她渴望到大都市去闯一闯，她梦想成为一名光鲜亮丽、叱咤风云的女强人，甚至期待着有一天能够成立自己的公司，当上让人羡慕不已的女老板。

可是小桉来到北京不久，就被重重关卡给堵住了去路。她只是普通一本学校毕业的，很多企业都不招收像她这样学历的学生，她渴望着能在一栋气派非凡的写字楼工作，可连走进公司参加面试的资格都没有。

小桉面试四处受挫，她只好将工资要求一降再降，最后才勉强进入了一家待遇一般的公司，开始了朝九晚六的忙碌生活。

北京地铁挤、交通堵、空气差、房价高，还有雾霾……但所有这些糟糕的事物都不能阻止那些疯狂拥向北京的年轻人。

毕竟，北京是首都，是大都市，还是政治文化中心。它拥有着丰富的资源和机遇，它是一座可以让你实现梦想并改变你一生的地方。

或许每年都有无数的北漂青年逃离北京，但同时也会有更多怀抱梦想的年轻人投奔北京，想要在北京站稳脚跟，并期待有一天能够在北京拥有自己的一席之地。

北京太大了，大得足以容纳所有人的梦想和野心；然而北京也太小了，小得让你只能蜗居在那一间不足十平方米的地下室里，过着艰难苦涩的生活。

05

来北京很容易，一张火车票或飞机票就能从全国各地抵达。但在北京混可不容易，你必须非常非常努力，才能慢慢地养活自己，站稳脚跟。

你要在北京生存，就必须要有足够的才华和能力，没有人会同情弱小的人，毕竟职场如战场，你不行就只能下场换别人上——如今大城市的竞争都非常激烈，生活压力更是重如泰山，如果你承受不了，就只能含泪离开。

每一个没钱、没背景、没人脉的北漂青年都曾在深夜里痛哭过，或许是因为拿不出的房租发愁，或许是因为加班错过了最后一趟地铁，或许是因为在公司受到了上司的批评责骂，或许是因为在寒冷的夜里想到了家人……

无论是哪一种生活，都总有让人心酸难过到落泪的时刻，而这时的我们独自痛哭，白天又得重整旗鼓，继续咬着牙与生活战斗。

那些北漂的年轻人后来怎么了？

陈可辞去工作，卖掉了房子，暂时一无所有；王哥在北京待了五年，最后还是回老家创业了；小桉在北京待了三年，如今依旧没车没房，但她还想再闯闯。

很多人来过北京，也有很多人离开了北京，作为成年人，谁不是摸爬滚打、跌跌撞撞才走到今天？

其实何止是北京，那些在上海、广州、深圳、杭州、成都、南京、重庆等城市的年轻人也一样在为自己的梦想和未来奋斗着，谁都不是轻轻松松就能成功，谁都不是随随便便就能过上渴望的生活。

正因如此，我们才要更努力、更积极、更上进地学习、工作和生活，我们不想那么快就放弃梦想，也不想那么轻易就向现实妥协投降。

我们挤地铁上下班，顶着生存压力努力工作，熬夜加班赶策划书，绞尽脑汁想项目方案，千方百计拉拢客户，克服一切阻力去签合同……

我们想要的有很多很多，但没有人能够平白无故地施舍我们想要的东西，我们只有尽自己最大的努力去争取，用眼泪和汗水作为代价去换取我们所渴望的一切，并为了梦想和未来不断奋斗拼搏，一步一步，走向属于自己的远方。

以前我觉得年轻人就是要去大城市闯荡拼搏，但现在我却觉得，无论选择去哪座城市，只要怀抱梦想，为未来奋斗，那都是正确的选择。

谁说只有去了北上广才算是不甘安逸？如果你心有热血，朝着梦想不断前进，为了未来脚踏实地，活得充实而热烈，那么，哪里都能成为你的北京。

愿每一个在大城市里赤手空拳、单打独斗的年轻人，都能依靠汗水和努力去实现梦想、创造价值，让生活配得上自己的欲望和野心，不辜负那些曾在深夜里痛哭和挣扎过的日子。

“长大”这两个字，孤独得连偏旁都没有

01

有一天主管开大会，我很晚才下班。出了公司我一个人走在街上，因为工作上的一些事情忙得有些头疼，我想找人倾诉，却发现身边没有一个可以交谈的朋友。

我独自站在公交车站等车，冷风嗖嗖，吹得我心里拔凉拔凉的，不知为何一辆又一辆公交车驶过，很多人都上了车离开了站台，而我要坐的那路公交迟迟不来。

街边霓虹闪烁，车水马龙，好一片繁华热闹的都市夜景，可我只能在萧瑟的冷风中裹紧衣服，不断巴望着过往的公交，沮丧地等待它的到来。

等了快半个小时，我才挤上了最后一班公交。车里的乘客很多，

一直挤到了车门口，我差点都没地方站了。往后好几个站，乘客有上无下，因为前门被人堵得死死的，后来的乘客只能从后门挤上车，然后将公交卡从后往前传，一个接一个递到前面让人帮忙刷，刷过卡后再重新传到后面。我被挤得跟一只沙丁鱼似的，连转个身都很费劲，只能费力地举手往前往后地传公交卡。

公交车开得很快，每次刹车时我都会往前倾，由于乘客密集，车内空气并不太好，我挤在众人间，腿都快站酸了。

唯一让我欣慰的是车里也有很多刚下班的上班族，他们倦容憔悴，脸上挂着和我相似的表情，既疲惫又困窘，满脸都写着“不容易”。

02

回到家里，我匆匆泡了一包方便面，就囫囵吃起来，心里有一堆苦事想要向别人倾诉，但翻开通讯录，从头刷到尾却找不出一个能在深夜给我安慰的人，顿时感到心酸不已。

回想起过往那一段段鲜衣怒马、自在得意的校园时光，我不禁眉头深锁。过去的我们野心勃勃、梦想恢宏，肆无忌惮地挥霍青春，哪怕无所事事地度日也不觉得荒凉，而更重要的是，那时的我们身边有着很多朋友。他们体贴、温暖、耐心，陪伴了我们一路，很可惜却在毕业后渐行渐远，最后甚至音信全无。

也并不是没有能说话的对象，只是在某些艰难辛酸的时候，你总是会忍不住伪装坚强，不想让朋友看到你那么不堪的一面。就连家人，你也不愿被他们戳破你一击即碎的自尊。

这样复杂又矛盾的心情，如同潮水一般，时常涌现在长大后的某个瞬间。比如在你独自加班的深夜，在你下班回家的途中，在你孤零零吃饭的时候，在你沉默地刷着手机的间隙……

成长就是一个将哭声调成静音的过程。

成长为大人后，你会对这个世界有些许失望，在揭开了那层光鲜夺目的“糖衣”后，你看到了它更灰暗锋利的一面，也尝到了酸楚苦涩的滋味。

你不再是当初那个将欢乐与悲伤都挂在脸上的孩子了，你开始学会掩饰自己，用坚强掩盖脆弱，用无懈可击的微笑保护玻璃般易碎的自尊。

03

朋友在国外留学，每月都在朋友圈里发些旖旎秀丽的风景照，让我有种她过得很好的错觉。

可她却在最近一次聊天中向我敞开了心扉，她和我说：“其实我在国外的生活并没有朋友圈那么光鲜美好，我一个人漂泊在外，人生地不熟，遇到了很多难题：语言交流不便，被房东欺负，无法融入外国人的圈子里。家里给的生活费很少，得自己打工赚钱，而且，国外课程之难是你无法想象的，我承受了很大的压力，硬是撑着才走到了今天……我在国外的日子生活拮据，吃不香睡不好，每到节日就想回家……”

在中秋节那天，朋友大晚上还泡在图书馆里做报告，忙得连吃饭都顾不上了。那时她还没交到朋友，无论做什么都独来独往，在那个本该团圆的节日里，她身边一个人都没有，也吃不上香甜的月饼，落寞异常。

但她给家里打了越洋电话，硬是装出一副过得很好的模样，好让父母放心：“爸妈，你们就别担心我了，我在这里有吃有喝，有朋友，学习也有了很大的进步……总之一切都好。”

在打完那通电话后，她再也克制不住了，眼泪夺眶而出，天上那轮明月皎洁澄澈，月光映在她身上，乡愁与孤独一齐向她袭来。

朋友说：“或许，这就是长大的代价吧，人越长大，就越是孤独，越长大，就越是得坚强。每一个漂泊异乡的游子，大概都在深夜里痛哭过，都有无数个流泪委屈的瞬间。这一路走来，别人看不到你承受的苦难，你踽踽独行，冷暖自知。”

04

大龙被公司辞退的那天，天气很闷热，但大龙心里却下了一场暴风雪，冷得浑身发颤。

大龙没有找好下家，对未来的去向感到迷茫，不知作何选择，也不知下一步该往哪儿走。

他灰心丧气，却一句话也不愿和别人说。那天晚上偏偏还是他一位同学的生日，他不好意思拒绝，便强忍忧伤赴会。

同学的生日聚会是在一家酒店办的，来了很多人，大家有说有笑，热闹非凡。可大龙一言不发地坐在朋友中间，却感到无比委屈。热闹都是别人的，他什么也没有。

即便身边围着一堆熟悉的伙伴，但他却倍感孤独，连一句难过的话都不敢说出口。

后来大龙回忆起那天的场景，叹着气说："那天大概是我长那么大以来，参加过最热闹也最孤独的生日聚会，我身边有很多熟人，但我却没法把苦衷告诉他们，一群人都在狂欢，就只有我一个人孤单。长大，或许就是这么辛酸无奈吧。"

我想，每个人在成长过程中多多少少都曾有过这样难过委屈的经历，在现实面前败下阵来，不得不暂时认输、妥协和投降，明明很受伤，却还是故作坚强，在他人面前强撑，明明很孤独，却还是自我安慰，连眼泪都要悄悄地流。

成长或许就是一个人咬着牙走在一条曲折又漫长的小道上，无人问候，没法求助，你所有的脆弱和矫情都得自己慢慢消化，再也没有曾经的天真和稚气。

有人说，"长大"这两个字，孤独得连偏旁都没有，谁的青春不是这样呢？

年轻的我们都要独自走过一段黑暗无光的路，度过一些艰苦难挨的日子。磕磕碰碰，跌跌撞撞，才一步一步成长为那个更坚强、更优秀、更闪耀的大人。

Part 4
爱情没有对不对，只有好不好

异地恋很苦，但爱着你的时光很甜

01

我曾有一个室友，刚认识他的时候，他正谈着一场不被外人看好的异地恋，他当时在南京，而女朋友在上海，虽说距离不算太远，但好歹也是两座城市，坐高铁最快都得两个小时。

室友每隔两周就会去上海看女朋友，有时候每隔几天就会想念她。念头一起，他便立即在网上买票，只为去见她。

如此往返颠簸，室友的周末自然不会很轻松。每回周日晚上赶回来，他总一脸疲惫，一副睡眠不足的模样，甚至连说话的力气都没了，往床上一躺就能呼呼大睡。

我关切地问他："你周末在两座城市间往返，难道不累吗？"

"累啊，怎么可能不累？"室友叹了口气，随即露出憨憨的微笑，"但是一见到她，我整个人就好起来了，好像什么困啊累的感觉都消失了。能和她待在一块，哪怕只是短短一天，我也心满意足了。”

室友平时是一个很现实的理财达人，精打细算、省吃俭用，他的消费观是绝不买无用的东西，绝不浪费一分钱。然而他对女朋友出奇地好，但凡和女朋友有关的消费，他丝毫不会犹豫，更不像平时那样考虑商品的性价比。只要女朋友喜欢，那么他便会眼都不眨地付款。

“我就喜欢看她收到快递、礼物和想要的东西时露出的表情，只要她开心，我也会跟着她开心。钱花光了也没事，反正还可以再赚嘛，还是哄她开心最重要！”

02

异地恋既痛苦又煎熬，两个人相距千里，虽有现代快捷方便的通信工具可以联系，但通过网络的联系始终比不上面对面的沟通和交流。

室友也曾一度迷茫纠结，他疲惫地在两座城市间往返，渐渐变得有些累了，不仅是身体上，他的心也有了倦意。

在他工作出了差错，被组长狠狠骂了一通时，他委屈得不行，想要和女朋友倾诉烦恼。但那天女朋友公司临时加班，她关掉了手机，一心扑在工作上。

室友没有哭，只是对着那个怎么也接通不了的电话长长叹气。他望着天上那轮皎洁的明月，感觉失落又寂寞，仿佛被世界抛弃了一般。

“那天晚上，我抽完了整整一包烟，辗转难眠，真想飞到她跟前，去问她一句：你还爱我吗？”室友事后回忆时，这么和我说道，“好在我忍住了，第二天一早又振作起来，继续工作。而那天早上我接到了她的电话，她诚恳地向我道歉，说保证下次再也不会这样了，我一听到她说话，什么都不想就原谅她了。”

室友和女朋友搞过的冷战、吵过的架、闹过的矛盾可不止一次，所幸他们都经受住了考验，没有因为沟通不畅而分手。

03

可是，有很多异地恋的人就没那么幸运了。他们也并不是不爱对方，只是走得远了，时间一长爱就淡了，自然也就分开了。

我认识的两个高中同学在毕业后就走到了一起，当时他们年轻气盛，认定了彼此都是对的人，于是信誓旦旦地在QQ空间里说，等到大学毕业后，他们就立马举行婚礼，还让全班同学都来参加。

那一阵子，他们的确是恩爱无比的，两个人牵着手，一天到晚黏在一起，不是逛街吃饭，就是看电影打游戏，谁见了他们俩都觉得自己是个碍眼的电灯泡，生怕被他们那满满的甜蜜“狗粮”给噎着。

然而，生活给他们开了一个小小的玩笑，两人的大学志愿虽然填的是一模一样的，但阴差阳错的是，两人没能被同一所大学录取。更让他们难过的是他们的大学还处在不同的城市，一个在北京，一个在广州。

“不怕，千山万水又如何，只要我们真心相爱，就没有过不去的坎，异地恋没什么的，我们有信心能走到最后。”

他们约定好到了大学，每隔一段时间就去对方的城市，每晚都要用微信聊天，空闲的时候就视频对话，总之能够联系彼此的方式他们都用上了。

我们这些围观者看着他俩，都觉得他们是轰轰烈烈的真爱，也坚信着他们能够走到最后。可是，出乎我们意料，他们的恋情并没有持续很久。

在大二时，他们悄无声息地分手了，我们都不清楚到底是谁提出的分手，也不明白他们为什么要离开对方——大概不爱也是不需要理由的。

后来，他们和我聊过天，大意是说：“我们当时都太年轻了，以为一次恋爱就能走到最后。可是，我们错了，异地恋最考验彼此的真心。我们谁都没有那个耐心和勇气，爱随着时间渐渐淡了，分开才是对彼此最好的选择。”

04

异地恋以分手告终，总归是感伤难过的，甚至会给人留下很多遗憾。往往是爱得越深，伤得越痛，到最后两个人心里都留下了疤，就算渐渐淡忘彼此，那个疤却还是留在了心底，隐隐作痛。

正因如此，我理解所有异地恋的情侣，也明白很多人为什么没能一起走到最后，更佩服和羡慕那些即使相隔两地最后依然相爱的情侣们。

前不久，我收到了一位学长的婚宴邀请函，他和女朋友谈了将近五年的异地恋，如今终于修成正果，实在是让人羡慕。

我祝福他道："恭喜学长，你们有情人终成眷属了，真是一件值得高兴的好事！"

学长幸福地笑笑，将过往在感情上经历过的心酸、委屈、疲惫和痛苦都抛诸脑后，对我说："我现在结束异地恋了，再也不会煎熬了，余生我只会幸福快乐地和她过日子。"

真好，他们就像唐僧取经一样，经历了九九八十一难，踏过十万八千里的路程，最后终于握着彼此的手走入了婚姻殿堂，开始余生平淡而温馨的生活，可谓是无比幸运和幸福了。

我将这事告诉室友，想给他一些动力继续和女朋友谈下去，结果他微笑地跟我说："再过不久，我就要离开这里，去上海了。"

"怎么那么突然？"我有些惊讶。

"其实，我已经计划很久了，我已经在上海找到了工作，上班地方离她公司还很近，我打算到了上海就和她同居，以后我们再也不要分开了。"

室友说这些话时，眼里流动着爱的光芒，让我感动不已。

后来，室友果真到了上海，那晚他在朋友圈发了一条状态，配图是他和女朋友在家的合影，两个人挨得很近，亲密无间、甜蜜温馨。

他艾特了女朋友，并说：“我不喜欢异地恋，我只喜欢你。”

可不是么，异地很苦，但爱你很甜啊。

我想要的，不过是一个一直维护我的恋人

01

前些日子追剧，有一段剧情很是触动我。

剧里一位妻子和丈夫逛地下商场，妻子路过一家看起来不错的手工鞋坊，就拉着丈夫进去瞧瞧。她四处张望着鞋坊，看到喜欢的鞋子就拿起来问老板价格多少，那个老板一脸不耐烦的模样，觉得她只逛不买，就很冲地对她说：“不买就别摸来摸去，刚开张就这么晦气！”

妻子听到这句伤人的话有些恼了，于是据理力争起来，谁知在一旁坐着的丈夫却想息事宁人，劝妻子买下那家店的一双鞋。妻子不愿意就此罢休，仍旧追问老板什么叫晦气。丈夫见状一把拉开妻子离开鞋坊，还当着众人的面念叨她，帮那家店的老板说话。

妻子听到丈夫的话很是难过，于是积压已久的怨气在那个瞬间

爆发了出来。

原来，丈夫家境不好，有一个进监狱的哥哥，哥哥的妻儿都靠丈夫和妻子照顾。妻子收入蛮高的，但是为了这个家却甘心省吃俭用过日子。而她丈夫却不懂她的良苦用心，总是在维护别人，尽管那些人都与他不熟。

妻子受了委屈，红着眼、流着泪和丈夫说："为什么你要替那个说我晦气的老板说话，他是你哥吗？我是外人吗？你现在到底站在哪一边？你该理解的人不是他，而是我！"

丈夫以为妻子只是单纯地生气了，并没有觉得那是什么大事，然而在第二天，妻子就向他递来了一纸离婚申请书。

02

剧里妻子的同事好奇地问她为什么非要离婚，她回答道："他很好，只是和他一起生活太累了。"

弹幕里很多结过婚的人都表示太理解那位妻子的想法了。

试想一下，如果你也和一个总是站在别人的立场上却始终不考虑你感受的人在一起，你会舒服吗？你会高兴吗？你会幸福吗？

很多人其实都像剧里的丈夫一样，是一个不折不扣的好人，始终善良地对待陌生人，却无法忍耐最亲密的人，当发生矛盾冲突时，他非但不理解你，不站在你这边，还要和陌生人一起将锋利的匕首插向你。

比起被陌生人伤害，你爱的人不理解不维护才会使你更难过委屈。

我的朋友小岚有过一个前任，她很爱他，恨不得付出自己的所有去爱他，可结果却被他伤得心灰意冷。

那个前任不懂得珍惜小岚的好，总是在熟人面前数落批评她，随意开她的玩笑，明知她不高兴，却一个劲儿说“没事没事”。

小岚平日里受了很多委屈，积攒了很多怨气，最后终于在前任的生日派对上爆发了。

03

生日当晚，前任的一个哥们儿晚到了将近一个小时，小岚有些不高兴就数落了他几句，谁知前任竟维护起了哥们儿，责怪她不懂事。

这位哥们儿好喝酒，一直劝前任喝酒，还非要拉着小岚一块喝。小岚拒绝，还让前任少喝一点，结果前任突然就发了火，说小岚不懂他们的规矩，最后还当着在场朋友们的面不留情分地数落了小岚一通，让小岚尴尬又难过。

这件事情是他们分手的导火索，也是压垮小岚这段恋情的最后一根稻草。

我问小岚分手之后有没有后悔，她诚实地回答：“没有。我受够他了，哪怕那天没发生那件事，我迟早还是会和他分手。”

“为什么？”

“因为他没有想象中那么爱我，和他在一起我没有安全感，他总是维护他的朋友、家人，一遇到什么事，就义正言辞地和我理论，而丝毫不顾及我的感受。仿佛我只是一个外人，一个可以轻易舍去、没有存在感的外人。”

04

“我想要的是那种一直站在我身边，始终维护我，不管我做对做错，都能无条件支持我，帮我抵御一切风波的恋人。”

小岚这么对我说道，她语气平淡，却充满期待。

前一阵一位朋友和丈夫离婚了，大家问及原因，朋友淡淡地说：“他从来没有维护过我。在婆婆、公公面前，我做的所有事情都是错的，他们一家人就好像站在同一条战线上，对抗我这一个外人。这样的生活太难了，我累了。”

末了，她叹了一口长气，感慨道：“离婚前我想了好久好久，但记忆中，他真的没有维护过我一次，哪怕一次都没有。”

恋人一直要无条件地维护自己吗？

换作从前，我会觉得那样的恋人做法是错的，“帮理不帮亲”才是公平的。可我现在觉得，身边有那样一个始终维护自己的人，日子才会过得舒服畅快。

如果你的恋人被人责骂，你第一时间会去了解情况，还是会站在她这一方维护她？

我选择后者。

因为，比起那些所谓的“公平”和“正确”，我更在意的还是你的感受。我是爱你的，我只希望你好，只希望你开心，不愿意看到你被外人欺负，也容忍不了你受一点点的委屈。

如果全世界都对你恶语相向，我也要对你说一世温暖的情话。

我不代表什么公平正义，我只知道自己爱你。

世界上有那么多泾渭分明的规则和分辨是非的道理，可那些我都不想管。只要你没做伤天害理、有违良心的坏事，那么我都会无条件地站在你身边维护你、照顾你，全心全意地爱你。

试问，谁不想拥有这样一个无条件站在你身边、支持你、维护你、爱你的恋人？

生活一地鸡毛，麻烦不断、争吵不停，但你得相信：我爱你，并永远站在你这一边。

哪有什么错过的人，会离开的都是路人

01

微博私信里，有读者在深夜给我发来了一段长长的话，字里行间都流露着一股抹不掉的哀伤与惆怅。

她在前不久收到了前男友的结婚请柬，她惊讶之余又不免生出许多的愁绪。

其实他们在分开之后就再无多大的联系。

她在南方工作，而他回北方定居，一南一北的距离让他们从往昔亲密无间的恋人变成了最熟悉的陌生人。

那么多年来，他没有主动给她打过一次电话，而她也不曾跑到北方见他一面。

他们曾经深爱过，但最后还是没能在一起。

可就算这样，她在看到那封结婚请柬时，难免还是有些感伤。她想欺骗自己，可心却告诉她，她依旧对那个人念念不忘。

02

她问我："夏至，你说我和他既然早就已经没了关系，为什么他还要请我参加他的婚礼？"

我想了想回她："这不好说，可能是他真的放下你们之间的过往了，也可能是他的现任要求的。总之在你没有亲口询问他之前，就有着无数种可能。"

她发了个委屈的表情："说得也是。那你说，我到底该不该参加他的婚礼？"

"去还是不去，得由你自己决定。"我这么回复她。

她看到我的留言后，许久没有再发私信过来。

之后的某天，我又收到了她的私信。

原来她下定决心去参加了前男友的婚礼，看到她前男友拉着新娘幸福地走过她时，她百感交集，为他高兴的同时，她也慢慢放下，释然了。

她说："看着他拉着另一个女人的手走到我面前的那一刻，我真的好想好想哭，因为那是我一直梦想的场景啊。

"和他分手后，我总是觉得很可惜，觉得和他错过是一种遗憾。可是当我亲眼看到他脸上洋溢着幸福微笑的那个瞬间，我顿时释然了。

"我原谅了过往的种种不悦，剩下的就只有祝福和期盼。我祝福他们百年好合，同时也期盼自己能早日找到归宿。"

我不禁为她感到高兴，“你能这么想真好。”

她最后回我：“以前曾经看到这么一句话，哪有什么错过的人，会离开的都是路人。现在想来，还真是的，他对我而言，只是个路人罢了，他找到了自己的伴侣，有那么一天，我也会找到自己的另一半。”

03

想起之前我陪沐沐看电影《从你的全世界路过》。

电影放到猪头在马路上奋力奔跑，追着坐在出租车上的燕子时，沐沐忍不住流下了眼泪。

直到影片结束，她还是哭个不停，哭得妆都花了。

我小心翼翼地问她：“沐沐，一部电影而已，你至于哭得那么伤心吗？”

她没回我，还是一个劲儿地哭着。

后来我才知道，那会儿她刚失恋，最见不得恋人分离的场景。

她说：“夏至，对不起，我也不知道自己是怎么了，我就是想哭……”

我安慰她说：“傻瓜，你想哭就哭吧，我再也不说你了。等你哭完，我们一起去吃烤串。”

一直等到沐沐恢复正常，我才听到她说：“我想小马了，很想很想，可是我们已经分手了……”

“就像电影说的那样，他从我的全世界路过了，却什么都没留下。无论我怎么挽回，他总归会走……”

十月的天气并不冷，但那一刻，我竟看到了沐沐心里的那抹严寒。

04

我见过许许多多的情侣，中间吵吵闹闹，分分合合，最后很多人还是没能在一起。

想来也确实很遗憾。

某个晚上，我和朋友聊起这些，说：“爱情难免会让人伤心，尤其是那些错过的，真叫人遗憾难过。”

朋友举着酒杯说：“其实，我觉得错过并不常有，或者说所有的错过都只是一场考验罢了。会离开的人终究会离开，不过是早晚的问题罢了。”

就好像那一句话：所有大张旗鼓地离别都是试探，真正离开的那一刻，连关门都是没有声音的。

在人生中，错过这种事在所难免，错过并不稀奇，稀奇的是那个不愿错过你的人。

很多人会从你的全世界路过，可那个真正爱你的人会一直在你身边，不会离开你。

05

如今的沐沐，早已走出了上一段恋情的阴影。

她恢复了往日的阳光与热情，生机勃勃如一株灿烂的向日葵。

再谈到前男友小马时，她不再流泪，也不再感伤，只是淡淡地对我说：“说到底，分手不过是因为他想要离开我罢了。”

“我们之间没有错过，我现在已经释怀了。我不再像当初那样喜欢他了，他只是一个曾经路过我全世界的路人罢了。”

现在的沐沐不乏男生追求，她才不怕错过谁呢，她只想等到那个不会离开自己的人出现。

想想也真是的，哪有什么错过的人啊，会离开的都是路人。

错过，其实不是偶然，是必然。既然是注定，就不要太遗憾。

如果错过不可避免，那么就好好放下，敬往事一杯酒，然后大大方方地往前走，不回头。

06

从你的世界路过的人那么多，你别太过留恋过去的风景了。

会离开你的人，注定会错过。

会错过你的人，都是路人而已。

别担心，一辈子这么长，你会不断地遇见一些人，也会不停地和一些人说再见。

时光变迁，身边的人总会不断更替，不是你的就别强求。**你要知道：离去的，都是风景，你不必留恋；留下的，才是人生，你该好好珍惜。**

爱与认识多久无关，日久也未必生情

01

有一段时间，我的朋友们和我聊起了结婚那档子事儿，晶晶和我讨论得最激烈。她一再地强调道，结婚是一件非常、非常重要的人生大事，一定不能含糊，不能马虎，也不能随便。

她还说，最后和她结婚的那个人一定要是一个非常靠谱，保证一辈子都会对她好，并且一心一意的男人。她在结婚前至少要和他谈那么两三年恋爱，摸清对方的底细再结婚，说什么也不会冲动到闪婚。

而我是一个比较随性的人，认为谈恋爱应该随着自己的心来，结婚也不必有那么多条条框框，便和晶晶说："我知道你是一个理智的人，但是只要爱情来了，多理智的人都会沦陷的，你就做好让那些条条框框全部作废的准备吧。"

晶晶不服气地回应我：“不，我才不会让谁迷昏了头脑。结婚可不是一件小事，我可真的会小心谨慎，容不得半点马虎。那个陪我到最后的人，一定要先和我谈上起码两年半的恋爱！”

02

十一假期刷朋友圈，谁知突然爆出了一条大好消息，吓了我一大跳。

以前对结婚总是小心翼翼的晶晶在朋友圈里晒出了自己的红本，热情兴奋地向所有亲朋好友宣布，她已经和自己的男友领证结婚了。

我第一反应以为她是在开玩笑，毕竟她怎么看也不想那种冲动到去领证结婚的人。

于是我连忙发消息问她，没过多久，她便回复了我。

“我真的结婚了，千真万确，绝对不是开玩笑！”

我想起她之前那些对结婚这件大事如何如何慎重的话语，不禁纳闷地问她：“我说晶晶，你藏得可真好呢，不动声色就谈了那么两三年的恋爱，之前我还担心着你嫁不出去呢！”

晶晶说：“其实我并没有谈那么久的恋爱，我和他是年初认识的，也就交往了差不多九个月吧。”

“什么？”我惊讶得张大了嘴，“快和我说说，是你自己冲动去结婚，还是他逼你的？”

晶晶心平气和地对我说："夏至，这次我是认真的，一我没有冲动，二他也从来没逼迫我。我们结婚是两人商量好的，我爱他，决定和他过一辈子。"

"可是，你之前不是打死也不闪婚么？你和他认识不到一年，你就不怕他日后变心，不靠谱又花心吗？"

晶晶笑着说："不怕，因为我们彼此信任，虽然我们认识的时间短，但彼此都认定对方就是自己一生的伴侣。我也是前一阵子才醒悟过来，爱情是不能简单地用时间去衡量的，我们彼此相爱，就够了。"

03

晶晶的那个他，姑且叫他林先生，他们认识在朋友的一场聚会中，因为他们两人坐在一起，又不热衷和朋友划拳喝酒，就在座位上聊起了天，相谈甚欢。

那天晚上，他们天南地北无所不谈，彼此都觉得相见恨晚，巧的是他们的住处离得很近，都在一条街上，于是散场之后他们同路回去，又聊了一路，临别时交换了对方的联系方式，两人都打算进一步交往。

晶晶说，命运真的很奇妙，爱还没来临前说什么都不相信，直到它悄然无声地降临，我们才会在不知不觉中接受自己的缘分，开始进入爱的隧道，却不问路程。

从那之后，他们频繁地见面，上班一起约定好去挤地铁，下班回家偶尔去街上逛逛，喝喝咖啡，偶尔一起看电影，完全跟情侣没什么两样。

关键是，他们对彼此都有好感，两人合拍，又有说不完的话，没过一个月，他们就正式成为了男女朋友。

有一种感情的发展，叫爱的驱动，他们什么也没做，爱情的引线就已经把他们连在一起了。

爱就是这样，很奇妙又很美好。

04

晶晶说："我虽然和他谈了不到一年的恋爱，但付出的爱却好像十年那般地多。我们在一起，是没有什么道理可讲的。就好像水到渠成，我们都感觉合适了，所以才结了婚。"

我感叹道，原来果真如此，没遇到爱之前，会有无数的条条框框，遇到爱以后，所有的标准和规矩通通作废，爱了就是爱了，没什么好解释的。

如果你不理解，只是因为你没有遇见罢了。

正如之前保守谨慎的晶晶，对爱情相当严苛，从来没有闪婚的念头。可当她遇到林先生的时候，极快地结婚，也算是顺其自然了。

她和我说了这么一句话：“爱情是不能简单地用时间去判断衡量的，日久见人心或许没错，但日久未必生情，日短也未必不是真爱。所有关于爱情的问题都不是问题，关键要看，你遇到的那个人是谁。”

现在，我每天都看着他们小两口在朋友圈里恩恩爱爱的动态，心里也为晶晶高兴，她这次闪婚是正确而明智的，哪怕不被别人看好，又有什么关系？

爱情是自己的，与旁人无关。幸福握在自己手里，冷暖自知，无须与人多言。

05

以前我也是一个保守派，尤其对于感情，更是谨慎又小心。曾经我也和过去的晶晶一样，觉得闪婚不是一件好事，不靠谱又太随意，可是我现在明白了，闪婚其实不是事儿，只要你认准了人，一样可以天长地久。

因为，爱情是难以用时间来判定甄别的，不是相处了五年十年，就能毫无理由地产生爱。爱就是爱，不爱就是不爱，和时间又什么关系？

我认识一个女生，她的一个朋友追了她将近七年，可最后她还是和另一位男生结了婚。对她而言，时间不能代表一切，爱情是没办法妥协的，不爱就是不爱，不管你追多少年。

而我也越来越相信，爱可以跨越时间，哪怕认识的时间短，爱也不会失效，只要彼此认定，决定相伴一生。

生活中不乏闪婚的朋友，从他们的生活状态可以看出，他们过得不错，幸福而恩爱，时间不是一切，如果是真爱，那么结婚便毫无过错。

很多人不看好闪婚，是因为他们认为闪婚不靠谱，大多数人习惯性认同那句观点：日久才能生情，才能见人心；而时间短，爱就不够深，结婚就随便而不靠谱。其实，是我们错了。

闪婚的人不一定会走到最后，原因有很多，但总归不过一句，他们不是对的人。

你看见了别人走不到最后，就一再地认为所有的闪婚都不靠谱，也实在太过片面。殊不知，很多人一旦结婚就会走到最后，因为，他们彼此确定，是真爱。

06

若用时间来描述爱情，实在是有些牵强。

好比，你拿一块咸鱼和新鲜的螃蟹对比，保质期不同，口味也不一样，又何必争个高下？

经典电影《泰坦尼克号》里杰克和露丝相处不过短短几天，但他们彼此认定自己就是对方的真爱，为此生死相依，哪怕到最后他们阴阳相隔，但那份刻骨铭心的爱却在露丝心中永恒。

爱情是没有什么道理可言的。或许你此刻还不相信，到了下一刻，你真的遇到了那个对的人，那么你就会相信，并抛下之前的条条框框，勇敢地走向那个人，牵手相爱、彼此承诺、相伴一生。

认识多久没关系，谈了多久恋爱没关系，何时结婚没关系，真正重要的是，你们彼此是否相爱，是否愿意和对方走下去。

若你真的遇到那个人，请你抓紧，别为时间担忧，别拘泥于标准。那时候，你该相信，爱是自己感受的一切，只与你有关。

“我养你啊”这句情话，你听听就好

01

王菲有首歌叫《我在终点等你》，可我刚开始看到这个名字的时候，竟然不小心看成了《我在终点养你》。

我笑着把这事说给朋友听，说：“只是换了一个字，不过想起来可真是浪漫，我养你这句话，真的很戳心。”

朋友愣了愣说：“如果在过去，我一定会觉得有男人对我说‘我养你啊’很浪漫，但是现在我不这么觉得了。我不需要哪一个人养我，我只需要一个真心爱我和我爱的人。”

这让我想起周星驰的电影《喜剧之王》里，尹天仇对着坐在出租车里的柳飘飘大喊着那句“我养你啊”的情景。

那会儿看电影的时候，我真心觉得感动，不少人和我谈起这部电影，总是说他们每当看到那个画面，听到那句煽情的对白，便会像柳飘飘一样哭得不成样子。

还有人说，“我养你啊”是世界上最动听的一句情话，一个男生一旦对女生这么说，十有八九都能感动到对方。

02

可是后来，我渐渐不那么喜欢这句“我养你”了，它虽然好听动人，不过也就只是一句情话而已。

桃子这么和我说过：“我才不需要别人养我呢，我有手有脚，我会自力更生。自己工作、自己赚钱，不靠别人照样能过得很好。”

桃子是一个非常独立的女生，她争强好胜，在一家公司做白领，业务能力和办事效率绝对不比同公司的任何一个男同事差。

她看人有标准，非自己喜欢的人不爱，哪怕别人对她再好，照顾她再周到，她都不会违背自己的心，勉强和一个自己不喜欢的人在一起。

那会儿，桃子妈妈见桃子也到了适婚年龄，便催着她去相亲，桃子没办法，只能顺着用心良苦的妈妈，不情不愿地和别人相亲。

桃子相了很多次亲，但却没一个看得上眼的。

她的相亲对象里有一个眼镜男，三十五岁，大龄单身汉，担任一家外企的高管。有房有车、条件优越，只是长相一般，没什么特别的优点。

桃子对他没什么兴趣，倒是眼镜男看上了桃子，觉得桃子人长得美，脾气又好，各方面条件也都不错，很快便动了心，开始主动追求桃子。

03

桃子妈妈想抱外孙想疯了，见到眼镜男那么喜欢桃子，便一个劲儿地撮合他们。她觉得眼镜男的条件不错，桃子嫁给她生活一定不会差到哪儿去。

只是桃子不乐意。

她倔得很，凡是自己不喜欢的，说什么她也不会勉强。

她说："那眼镜男有什么好啊？长得不耐看，和我也没什么共同话题。更关键的是我不喜欢他，哪怕我们在一起，以后肯定也处不来。"

桃子妈妈说："可是女儿，他的条件很好啊，他是外企高管，有房有车，还没有婚史，比起你过去那些穷得叮当响的男朋友，可靠谱多了！"

桃子不屑地说："他有房有车又怎样？他再有钱又怎样？我有工作有能力，自己就可以过得很好，何必要勉强自己依赖别人？我不喜欢他，那么他就算条件再好也没用，不管你说什么，我都不会改变自己的心意。"

桃子妈妈再也无话可说了。

然而眼镜男并没有放弃追求桃子，他成天开着小轿车停在桃子公司楼下，想接她下班回家，可桃子却从没有领过他的好意，甚至都没有正眼看过他一回。

七夕节那天，眼镜男走进了桃子的办公室，捧着 999 朵娇艳欲滴的红玫瑰，当着公司所有人的面大胆地向桃子表白。

他深情款款地说："桃子，请你和我在一起，和我一起生活吧！我是真心喜欢你，想和你在一起。我有房有车有存款，一定不会亏待你的。和我在一起，你可以不用那么辛苦地工作，我会养你的！"

公司的同事听到眼镜男的这番话，纷纷鼓起了掌，起哄着让桃子和他在一起。

"桃子你还愣在那里干吗？快答应他的告白啊！在一起！在一起！在一起！"

可是桃子并没有接过那束玫瑰，也没有丝毫的感动。

她淡淡地对眼镜男说："对不起，我不能接受你的爱，因为我实在不喜欢你。你不用养我，我也不需要任何人养，我自己有能力养活我自己。以后你不要再缠着我了，我只会和我喜欢的人在一起。"

04

我对桃子说："你真是好样的，现在的女生一听到这句'我养你啊’，都不知道该怎样拒绝了，还是你厉害，在物质面前依旧不为所动。”

她笑了笑说：“女生要是为了钱，为了能有一个人养活自己而结婚，那多没意思啊。”

“我们又不是小孩子了，自己都有本事生存，何必要去找个人养活自己？不管什么时候，我认为女生都应该独立自主，这样在爱情来到时，便可以由衷地和那个人说一句：我什么都不要，你和我好好谈恋爱就好。”

是啊，没有人是不能通过努力和本事养活自己的，哪怕是女生，也不要做那种只知道依赖、攀附，靠着别人才能生存下去的人。

只有连自己都没能力照顾自己的人，才会想起依靠别人，等着别人养活自己。

而那样的人不会得到爱和幸福，她们只是爱情里最可怜的寄生虫。

我认识一个朋友，她在父母的安排下匆匆和一个自己并不喜欢的男生结了婚。

她当初之所以答应那桩婚事，完全是因为对方家境富裕，结婚之后她便能衣食无忧，哪怕不工作，照样有人养着她。

结婚之后，她辞去了月薪仅仅3000的工作，当起了全职太太，不再为生活发愁。

反正丈夫会养着她，给她钱花，所以哪怕她不喜欢自己的丈夫，她也勉强自己默默接受了一切。

但是，她并没有过得想象中那样幸福，她和丈夫几乎没有共同语言，两个人相处的时间也特别短，大部分时间她都是一个人宅在家里看电视。

05

当她发现自己的丈夫出轨时，伤心地哭了起来，可是，哪怕她觉得自己再可怜，却还是委曲求全，不打算离婚。

我们问她，既然你丈夫在外面都有人了，明显是对婚姻不忠，为什么还非要忍气吞声。

她愁着眉说：“虽然我不爱他，可是他能养着我，给我钱生活啊。要是我离了婚，不仅分不到多少钱，连我以后的生活都没有保障了，凭我现在的情况，出去也很难找到工作了，未来更是让我发愁啊。”

“我这也是没办法啊。”她叹着气，一副无可奈何的模样。

桃子知道后，为她感到不值，哀其不幸、怒其不争。

她和我说：“夏至，你看见了吧，这就是依靠男人的悲剧，要是她有能力，当初何必委身嫁给那个自己不爱的人啊。现在她连离婚都不敢，何谈幸福。”

“那种过不好自己的生活，就等着男人养活的女生，我打心底里瞧不起。”桃子说这话时，有些愤愤不平。

在我看来，不管是谁，都应该独立。

在爱里，我们都要做到不依赖、不攀附，也不将就。毕竟，爱情不是那么简单的一句“我养你”，而是我发自真心地喜欢你，想要和你在一起。

为什么非要一个人来养活自己呢?

为什么非要想不开去做爱的寄生虫呢?

你要的不过是一个能和我共度余生的人，又不是照顾你生活的爸妈。况且，你自己有手有脚，有工作有能力，干吗非要依靠别人，等着别人养自己?

只有连自己都养不活的人，才会成天想着找另外一个人来养自己。

“我养你啊”这句情话，你真的听听就好，无论如何，你都要努力独立，不依靠别人就能过好自己的生活。

我才不想你养我，我才不想把自己的幸福，交给一个只能养我却不能给我爱情的人。那样的交往，谈不上幸福；那样的生活，才是真正的可悲。

你那么平凡，可我还是喜欢你

01

春节的时候，我收到了小落的短信，她字里行间都带着一股爱情的甜蜜。

没错，她恋爱了。从和那个男生一起牵手到正式确立男女朋友关系，已经过去了整整三个月。

她在短信里说："夏至，快点祝福我吧。我恋爱了，彻底脱离单身这个大群体了。现在我和他过得可好啦！"

虽然我不太习惯她这种秀恩爱的方式，但我还是非常诚恳地祝福她："小落你一定要开心幸福，不管怎样，你都要好好享受恋爱的过程啊。"

她立马给我回了个龇牙咧嘴大笑的表情。

我隔着屏幕都能想象到她那脸上的表情有多么甜蜜幸福。

02

想起小落还是单身的时候，我们常常聚在一起谈论未来，谈论恋爱，谈论心上人。

大概是小时候偶像剧看多了，小落对爱情的定义非常狭隘。

她说："以后我一定要找一个像道明寺那样的男朋友，让他宠着我，把我当成宝似的小心翼翼地捧在手心上，再不济，花泽类那样的美男我也可以勉强接受。"

那时的我总免不了向她翻白眼，并且非常不客气地对她说："你可真是会做白日梦啊！"

她不服气，眼睛里依旧露着光，"你别笑我，我真觉得我的意中人是个盖世英雄，有一天他一定会驾着七彩祥云来娶我！"

"我这不是做梦，而是信仰！一种对爱情的信仰！"

当时的我听到她这句话，笑到差点抽筋。

03

在那之后，我们都经历了自己并不太顺利的感情。

小落的第一个男朋友长得很帅，身材高大挺拔，远远看着还真有点神似道明寺。

可是这位"道明寺"并不温柔，对小落也没有好到百依百顺的地步。更气人的是，他为人不太正经，花心又滥情，总喜欢拈花惹草。

小落在第三次发现他和其他女生走得很近，并且还和她们暧昧不清时，便果断地和他分了手，从此以后分道扬镳，互不打扰。

失恋后，小落一直闷闷不乐的，和我聊天说的第一句话永远都是："唉，你说说我当初怎么就瞎了眼看上他了呢！"

"谁知道呢！"我也叹着气，不知如何安慰她。

那么多年里，小落遇见一个又一个喜欢的男生，谈过一次又一次的恋爱，却始终没有结果。

每回失恋后，她总要皱着眉喝上好几听啤酒。

有一次，她甚至哭得死去活来，一直抓着我的手绝望地对我说："夏至，我再也不相信什么爱情了，也再也不想遇见什么道明寺了，我这辈子，可能都只能一个人过了吧！"

04

如今，她已经走出了曾经的困境，牵着那个男生的手，一脸微笑地走到我面前，笑着为我介绍她的新男友。

那是一个非常平凡、乏善可陈的男生。

个头不算太高，长相一般，气质也并不出众，怎么看都只能算是普通人，和"道明寺""花泽类"比起来，真是差了十万八千里。

可是，我看得出来，小落很喜欢他。

吃饭的时候，小落向他撒娇，让他喂自己吃东西，他很是听话，宠溺地喂她吃饭，两人互动起来，你侬我侬，恩恩爱爱，让我这个夹在中间的电灯泡特别尴尬。

那天回去后，我给小落发了条微信，打算调侃调侃她。

“你最近的品位怎么变得那么差了，他不是道明寺，不是花泽类，也不是盖世英雄，他什么都不是，就是一普通人，你到底喜欢他哪儿啊？”

她回我：“是啊，他是很普通，可是那又怎样，在你眼里他不过是一个再平凡不过的人，可在我眼里，他就是道明寺，就是花泽类，就是我的盖世英雄！”

“他没什么好的，可我就是喜欢他。”

我想起饭桌上，小落看着他时那双含情脉脉的眼睛，扑哧一笑。

“好了好了，我只是开个玩笑罢了。其实他挺不错的，你要好好珍惜他！”

05

身边很多朋友就像小落一样，之前对男朋友的标准一直定得很高，动不动就是“李易峰”或“肖战”，总之不管怎样，都必须是个男神。

可是后来呢，她们大都亲自打了自己的脸。

仲仲和一个身材有些臃肿、长相朴实的理工男谈起了恋爱；阿密爱上了一个戴着眼镜、说话文绉绉的艺术生，现在两人正在热恋中。

谈起现任，她们的语气都很宠溺，笑得欣喜，丝毫不许我说一句她们男朋友的坏话。

某次我笑嘻嘻地和她们说："你们真是说变就变，之前你们不是嚷嚷着要和邓伦在一起么，怎么这么快就不守承诺了，真是善变！"

阿密甩给我一个白眼，"什么呀，我家小陈也很不错啊，和男神比较没什么意思了。"

"可是你们不觉得他们很平凡么？"

"平凡又怎样？我们都很平凡啊，但在彼此眼里，我们都是独一无二的，这就够了。"

06

想起一句话：你所喜欢的人也是个凡人，不过是因为你的喜欢，他才镀上了金身，变成了盖世英雄。

事实还真是这样。

在还没有遇到爱的时候，我们总是对恋人有过无数种美好得不切实际的幻想。

直到那个人出现在自己面前，一切幻想终会变成泡沫，然后怦怦直跳的心才会开始确认，他到底是不是那个自己喜欢的人。

是，或许他长得不高，不帅，不像男神欧巴那样完美，也没有盖世英雄的气魄，但是喜欢就是喜欢。

虽然他很平凡，但只要自己喜欢就已足够。

世界上有那么多平凡而普通的人，在茫茫人海中你能遇到一个让你觉得平凡也可以接受的人，就已经非常幸运了。

或许过去的你痴迷于盖世英雄，可是到最后，你终究会爱上一个普通平凡的人。

他没什么特别的，只是一个平凡得不能再平凡的人，可是在你看来，他就是好得能让你全心全意地喜欢他。

那种感觉就是，他说不出哪里好，可我就是不想离开他。

希望你也可以遇见那么一个人，那个你喜欢并想要和他并肩走到最后的人。

到那个时候，你会毫不掩饰地对他说：“对啊，你就是这么平凡，可是我还是喜欢你。”

和我暧昧可以，但不要暧昧不清

01

有读者在公众号里问了我这样一个问题：

“还没正式交往的时候，对方对自己暧昧到底对不对？”

她语气非常诚恳地留言说：“我最近非常困惑，我喜欢一个男生很久了，只是一直没敢当面和他表白，他好像对我也有好感。我们关系不错，走得很近，只是他从来没说过一句喜欢我，却总是在和我搞小暧昧，你说我该怎么办？”

我想了想，回复她：“你要么和他表白，说明自己的心意，要么干脆利落地离开他，别再搞些什么小暧昧了。

要是他真的爱你，一定会留住你，和你交往做真正的男女朋友，暧昧这种事其实很多余。”

她和我说了谢谢，就不再吭声了。

之后的某天，她又再次给我留了言，说已经和他彻底不来往了。

“我按照你说的话和他表白了，可是他没有反应，不拒绝也没答应我，后来我才知道，他一个人同时和好几个女生来往，暧昧不清，我差点就上了他的当！他就只想和我玩暧昧，实在太过分了，这种男生不要也罢。”

如今的她已经换了新的爱慕对象，不再和那个男生玩暧昧。她认为喜欢就上，不喜欢就分，爱情讲究的就是干脆利落。

02

有人说，恋爱里最美好的部分就是暧昧的时候。

然而，这种说法成立的前提必须是两个人两情相悦，心心相印。这样一来，你们想怎么暧昧都行。

只要彼此认定了对方，就可以好好享受暧昧给自己带来的那股朦朦胧胧的好感，在看不清彼此的时候体会爱情微微的甘甜。

但是如果你一味地和别人暧昧不清，就很容易让人产生误会，时间一长可能还会让自己形象受损，甚至会造成遗憾。

看过电影《那些年，我们一起追的女孩》的人都知道，柯景腾一直在孜孜不倦地追求着沈佳宜，并且信誓旦旦地和她打赌，说一定会追到她，让她做自己的女朋友。

可是，沈佳宜始终没有和柯景腾确定男女朋友关系，她一直和柯景腾保持着若即若离的距离。

她虽然心里喜欢柯景腾，嘴上却总是说他幼稚，她喜欢被人追求的感觉，也享受着他们两人还未恋爱前那些暧昧的时光，最后两人渐行渐远，成为彼此的青春回忆，不能说不是一种遗憾。

沈佳宜对柯景腾说：“被你喜欢过后，我觉得没有人能像你一样喜欢我了。”

或许他们都曾后悔过，因为没有及时表明心意，他们最后还是分散了。

我常常在想，如果当初沈佳宜能放下自己的矜持，早一点结束他们之间的暧昧关系，他们的结局会不会变得圆满?

然而，这只能是如果而已，故事的结局谁也没法改变，只能以遗憾完结。

03

小柚和我说过那么一句话：“一个总是和自己暧昧不清的人，一定不够爱你。”

当初追求小柚的男生我一只手都数不过来，可她偏偏不喜欢那些主动出击的追求者，反而偷偷暗恋着身边的朋友陈京。

陈京和她关系非同一般，是那种“友达以上，恋人未满”的状态，我们几个朋友都看得出小柚喜欢他，只是她实在不好意思告白，我们便想尽办法撮合他们。

我想陈京也是知道小柚喜欢他的，只是他态度一直不太明朗，他总和小柚待在一块，给她朦朦胧胧的希望，和她暧昧不清，却又不和她确立正式的男女朋友关系，这让小柚感到非常为难。

直到某天小柚喝醉了酒，在大家的怂恿之下，小柚才红着脸勇敢地向陈京表了白。

“陈京，我喜欢你，非常非常喜欢你，你让我做你的女朋友吧！”

陈京听到这句突如其来的表白，并没有太大的惊讶，只是他一直沉默着，过了许久，他才吞吞吐吐地说：“小柚，你误会我了，我只是把你当成好朋友。”

那一刻，小柚那颗满载着爱与希望的心破碎了。

04

事后，小柚特别豁达地和陈京断了一切联系，从此分道扬镳，互不打扰。

小柚说：“你们明眼人都看得出来，我和陈京相处的时候根本不像普通朋友，我一直以为他喜欢我，他平时总和我暧昧不清，给了我无数次爱的希望，可是现在他自己打破了我对他的那份喜欢，我实在不能接受。”

“和女生玩暧昧的男生没有一个是没问题的。”小柚心灰意冷地和我们说道。

确实如此。

你不要把他和你之间的暧昧当成他喜欢你，很有可能只是你自作多情。

和女生暧昧不清的男生，是情场上最该黄牌警告的选手，因为他要么是感情混乱，要么就是人渣得无可救药，既消费了别人的爱，又白白耽误了别人的时间。

我从来不欣赏那种永远在和别人暧昧不清的人，无论男生女生。

感情很复杂，同时又很简单。喜欢就是喜欢，不喜欢就是不喜欢，何必要搞得那么复杂，玩暧昧玩那么久？

和我暧昧可以，但不要暧昧不清。

05

我喜欢那种对待感情时态度非常明朗的人，不和别人暧昧不清，心里有什么话就坦诚说出，喜欢就说喜欢，不喜欢就别老缠着别人。

一句“我喜欢你”有那么难说吗？

所有的暧昧不清，不过是因为不够爱。

如果他真的喜欢你，又怎能甘愿只和你做朋友？如果真的只能做朋友，倒不如彼此洒脱些，就当从来没见过，不再互相纠缠。

因为啊，爱情不是暧昧，没有太多的模棱两可，只有 Yes or No，爱与不爱。

真正爱你的人，舍不得和你搞暧昧，更不会晾着你、耽误你。哪怕他迟迟没有表白，也绝对不会拖住你。

你要知道，在感情里有一种悲哀是，他天生暧昧成瘾，而你却偏偏走了心。

他不够爱你，才会一直和你搞暧昧，真正爱你的人，舍不得放弃你，喜欢总是掩藏不住，一句简单温暖的告白，就能走进你心里。

那些和你暧昧不清，关系混乱的人，都是爱你爱得不够深的人，这样的人，趁早离开他吧。

在一段感情里，一旦出现暧昧，请你务必保持警惕，小心应对，千万不要把自己宝贵的青春耗在一场可能永无止境的暧昧里。

毕竟，暧昧可能很美好，但暧昧不清却很糟糕。

“我再也不相信爱情了！”“那又怎样？”

01

总是有那么一些人喜欢在朋友圈里莫名其妙地发出这样的感叹：我再也不相信爱情了。

语气惆怅伤感，充满着无奈和失望，就好像是在和全世界的爱集体告别一样。

叶子前几个月在朋友圈的动态便是如此，让身为吃瓜观众的我一头雾水。

她这样写道：一直以来我都期盼着你能成为我第一个也是最后一个恋人，没想到，如今这句话真的成真了，可我却再也高兴不起来了。

文字后面跟着的是一个心碎的表情，配图是一张纯黑的图片，光是看看都让人感到压抑。

我赶忙问叶子她到底发生什么事了，她久久没有回复我。

直到第二天，她才红着眼睛跟我解释说："夏至，我……我失恋了。"

02

那是叶子仅有一次的爱情，并且还是她最为珍视的初恋。

她的前男友冯布是学校里赫赫有名的风云人物，身兼校学生会副主席外加系文化部部长等数职，长相清秀、身材高大、气质出众，优秀得就像电视剧中自带光环的男主角。

叶子从大一开始就偷偷地暗恋着他，对他一心一意，从来就没正眼瞧过别的男生。她想在大学里谈上那么一场轰轰烈烈、刻骨铭心的恋爱，而她心中认定的恋爱对象就只有冯布一人。

"反正我就是喜欢他，除了他我谁都不想喜欢，我愿意等着他，直到他和我谈恋爱！"我还记得当年叶子信誓旦旦的样子，红着脸既有害羞的姿态，又有着无比坚定的神情。

那一刻起，我就知道叶子是真真正正喜欢上了冯布，她是认真的、执着的，甚至是顽固的。只要认准了、爱上了，你就是再怎样苦口婆心地劝她放弃，也拿她一点儿办法没有。

所幸的是，叶子条件不差，仔细化起妆，好好收拾打扮起来，还真称得上是一个养眼的美人儿，就算她走在路上，经过的路人也都会回头多看她一眼。

更重要的是，叶子人特别聪明，说话又甜，性格又温柔，身边总是有很多朋友围着她转。她通过向朋友打听，终于摸清了冯布的“底细”，知道了他的一系列喜好，随之明确自己的目标：向他的前女友看齐，然后将自己发展成他喜欢并可以接受的优秀女生。

不得不承认，叶子凭借着自己持续不断的努力变成了一个更好的自己——化妆技术精湛，知晓天文地理，内外兼修，简直就是活脱脱“女神”。光是穿着高跟鞋站在你眼前，都像一道光，夺人眼球。

更重要的是，那时的叶子已经足够优秀，足以正大光明、大大方方地站在同样优秀的冯布身边了。

03

不久之后，叶子亲自向冯布表白了，结果，两人不负众望，牵上了彼此的手，变成了众人眼里的完美情人。

我那时和她说：“你看看你，可真幸运，在最好的年纪里喜欢上了一个那么优秀的人，还是初恋！我真心羡慕你啊！”

她倒也没掩饰笑意，笑得眉飞色舞，幸福洋溢。

可过了两个月后，她脸上的那种笑渐渐少了，后来甚至完全消失了。

她开始频繁地找我聊天，向我抱怨哭诉，说冯布是如何如何地不在意她，又是怎样怎样地惹她不高兴。

我也从她失落的话语中，感受到当初那股强烈急切的爱在缓缓消失。

我安慰她，劝她不要多心，理解体谅一下冯布，好好享受恋爱的甜蜜。

她点了点头，可还是提不起精神，连笑都笑得很勉强。

再然后，我就看到了她发的那条可谓“爱无可恋”的朋友圈，知道了她和冯布分手的消息。

叶子像一个怨妇一般骂咧咧地说：“冯布发短信通知我分手，冷淡得很，我怎样打电话给他都不回。第二天舍友就告诉我他在学校里和一个女孩暧昧地走在一起，你说我能不生气吗？”

“他可是我的初恋，是我梦寐以求的情人，是我所期望的第一个也是最后一个恋人，我爱他爱得那么深 ，可他却反过来伤害我，我感觉自己的心在一滴一滴地流血，我再也不敢相信爱情了！”

其实也很难说，在这场分手里孰是孰非。只是我想，他们两人肯定都有着各自的原因，与其日后纠缠不清，不如趁早痛痛快快放手。

我这样安慰叶子，可她却什么也听不进，满脑子想的都是冯布伤害了自己，以及爱情的虚伪和残酷。

她一遍一遍流着泪说，我以后再也不敢相信爱情了。

04

其实何必呢？爱情本来就是世间最难以保证的东西啊，它就像一只易碎的瓷器，可以收藏很久，却也可能在某一瞬间就突然破裂。

你要明白，所有的爱都自有它的时间，若爱上了，便认真用力地爱，若不爱了，便勇敢地放手，放彼此一条爱的生路。

千万不要为了某一个人，而难过心碎，甚至不再相信全天下所有的爱情。

一只杯子打碎了，难道你就要一辈子不喝水吗？

一朵花儿谢了，难道你就要错过一整个绚丽的春天吗？

一次吃饭噎着了，难道你就因为害怕而永远也不吃饭吗？

在爱里，你千万不要以偏概全，一朝被蛇咬，十年怕井绳啊。

值得庆幸的是，叶子本身并非顽固不化之人，在失恋的一个月后，她彻底走出了上一段感情产生的阴影。

她专门跑来向我道歉，为她当初因为伤心而跟我说了很多负能量的话而感到抱歉。

“我现在想通了，不过只是一场恋爱而已，是我认真过头了。伤过、痛过，路还是要走的，恋爱还是要谈的，我又重新相信爱情了。”

她恢复了过去那般纯真的笑容，笑得肆意洒脱，完全不像她刚失恋时哭得死去活来的样子了。

她在生活中遇见了很多不错的人，虽然心里还不明确那份喜欢，但至少她已经敢再踏进爱河，而不是见着人远远就跑掉了。

我细心地察觉到她微笑后露出的那么一丝甜蜜，心想她这次可能又离爱情不远了，我衷心祝福她。

05

爱情就像硬币，有美好光鲜的一面，亦有黯淡无光的反面。你只看到了黯淡的一面，就妄断所有爱情都如此不堪，真是一叶障目。

“我再也不相信爱情了！”

“那又怎样？”

我想对所有曾经对爱情失望过的人说，不要为了某一个人，某一件事，而不去相信你本应该相信的爱情。

有些人的离开未必是一件坏事，就像爱情小说家张小娴说的那样的：“总有一天，你会对着过去的伤痛微笑。你会感谢离开你的那个人，他配不上你的爱、你的好、你的痴心。他终究不是命定的那个人。幸好他不是。”

爱情和这世界一样，有美妙的风景也必有糟糕的视野，你要想拥有最美好的爱情，就必须忍受住先前因爱而生的苦痛。

相信，是爱情的一个前提，要是你轻易放弃了对爱情的追求，又怎会拥有皆大欢喜的结局?

无论如何，你都不要因为一个人，而放弃整个世界所有的爱情，因为你无法预料未来，说不定你下一个遇见的那个人，就会是你向往的全世界。

生活不是为了爱情而生，爱情不是人生的全部

01

“夏至，我又和我男朋友吵架了，他说不过我，很是气愤，甩手就走了，到现在都没主动联系我，我现在好难过，你说我该怎么办？”

公众号后台收到一位昵称为兔小姐的读者的留言，她不是第一次给我发这样的消息，她把我当成了一个情感树洞，时不时就倒苦水，倾诉自己在恋爱过程中遇到的烦心事儿，从她的留言中我看得出她是一个性格懦弱、迷茫又纠结的姑娘。

我回复过她很多次，说指导谈不上，只是说出一些自己的想法，毕竟恋爱是两个人的事，甜也好，苦也罢，都与他人无关，我可不想蹚浑水，瞎掺和别人的感情。

所以每一次我几乎都是这样回她：“恋爱、吵架、闹别扭什么

的挺正常的。你们好好沟通、多多交流，感情的事没人能帮你，一切还是要靠自己解决。”

让我纳闷的是，尽管我已经这么回复她了，她还是不死心，偏要向我叙述她和男朋友的故事。在她的描述中，她很爱很爱自己的男朋友，当初还是她主动追求的男友。她男友为人高冷、傲慢，常常发脾气，动不动就和她冷战，情绪总是控制不好。

“我最难过的一次是他打了我一巴掌，我的脸颊留下了明显的掌印，火辣辣地疼，但是他一句道歉也没和我说，就继续打游戏了……在冷战时期，我心灰意冷，差点想和他分手，但是他突然对我好了起来，我又不忍心离开他了……”

兔小姐留言说，他们好的时候也像其他情侣一样甜蜜，但差的时候也闹过很多次矛盾，男友曾经伤她很深，但她就是死不了心，一个人默默忍受着一切，委曲求全地和他继续在一起，她常常既纠结又痛苦，不知如何是好。

02

我将兔小姐的情况说给一位感情经验很是丰富的朋友听，她听后皱着眉头说：“在我看来，那个兔小姐可能是一个有着恋爱脑的女生。”

何为恋爱脑？大概是指那些把爱情看得过重以致忽略自己的感

受、不管现实如何都会坚定地选择爱情的一类人。

这类恋爱脑的人就像青春爱情小说的男女主角，又或是偶像剧里的人物一样，为了一场轰轰烈烈的爱情奋不顾身，不惜一切代价，不管别人怎么阻挠，他们照样山盟海誓，爱得死去活来。

坦白讲，小时候我是很喜欢看这类爱情小说和电视剧的，觉得他们矢志不渝的爱情才是真爱，可长大后，我发现那样的故事太不现实了，那些把爱情看得比天还大的主角们也并不讨喜。

恋爱脑的人理智永远占下风，他们什么都可以放弃，什么都愿意去做，除了让他们放弃爱情——他们大多时候是卑微的、可怜的，甚至是不堪一击的。

他们一直执着追求的爱情，往往会给他们带来伤害，甚至会在某天成为那根压倒他们的稻草。

03

生活里看到过太多娱乐圈里恋爱脑的女演员的新闻，我深深为她们感到惋惜。

她们有的明明已经很优秀很耀眼了，却还是在喜欢的人面前卑微得抬不起头，总是不够自信，觉得自己不如别人漂亮，所以不惜代价去整容，付出了惨痛的代价。

而有些女星家境不错，自身条件也没得说，表面看起来光鲜亮丽，却被网友发现她在小号里卑微讨好喜欢的对象的一面：柔弱、无助、没有安全感。

有人说：女人一旦陷入爱情，再聪明的人都会没了智商。

就连一代才女张爱玲也难逃爱情的劫难，“卑微到尘埃里了，从尘埃中开出花来。”

爱情复杂难解，它像一场突如其来的暴风雨，又像是猝不及防的电闪雷鸣，你或许也会陷入爱的海洋里，遨游、沉沦、无法自拔，不管旁人怎样指点你，你都没法挣脱爱的束缚。

所谓“当局者迷，旁观者清”，不过如此。

04

我认识一位为了爱情奋不顾身最后被伤得很惨的朋友小墨，她跟了一个喜欢的男人五年多，在漫长的五年里，她忍受着那人的计较、猜疑、冷暴力，闹过无数次分手，可每回都是她先低头和对方认错，挤出笑脸继续回到那人身边。

你问小墨为什么要这么委屈自己，她会回答：“因为我爱他，不管为他做什么，我都心甘情愿、甘之如饴。”

可惜的是，男友并没有想象中那么爱小墨，在他们到了谈婚论嫁的年纪时，男友始终没有给她一句结婚的承诺，甚至连未来的计划都没有。

小墨家里人催着她赶紧结婚，但男友总是敷衍搪塞她，感觉一点和她结婚的打算都没有，口头禅永远是那一句“以后再说吧。”

可那个“以后”会有多远？小墨渐渐心灰意冷了，但那男友并没有意识到这一点，也不过多关心她，态度反而越来越冷漠，一次意外，小墨发现男友和公司女同事私下暧昧地聊天，于是生气地质问他是怎么回事。男友冷着脸，非但不解释，还怪她偷看他的手机。

两个人因此吵得不可开交，小墨一气之下咬着牙和他分手了，难受了好久好久，她觉得自己爱着他的五年就像白白浪费了一样，什么都没剩——她钱没赚到，爱情没留住，连青春都所剩无几了。

05

小墨过了很久才调整好自己的状态，她意识到爱情不是生活的全部，她不该为了一个不爱她的人就死去活来。于是她振作了起来，开始努力工作，慢慢在职场上开辟了属于自己的战场。

如今小墨的事业有了不小的起色，也找到了一个真正爱她的男人，并与他携手迈入了婚姻殿堂，有了美满的家庭。

在回忆起往事时，她不无感慨地说：“我非常痛恨过去那个将爱情视为一切的自己，那时候我真的很傻很傻，现在的我早已明白，爱不能当饭吃，千万别把爱当成人生唯一的目标，那样只会让你痛苦！”

是啊，人生在世，除了爱情，我们还有好多重要的事情要做。除了恋人，我们还有事业、生活、朋友、家人，何必一直执迷不悟？

爱情的确重要，但它再重要也只是人生的一部分，而不是全部。

不要将爱情视为一切，也不要沉溺于爱河无法自拔，为了爱情舍弃尊严、委曲求全、卑微讨好的人其实很可怜。

恋爱脑最后可能会失去一切，曾经最相信爱情，最后却落到个被“真爱”抛弃的悲惨下场。

看过一句话，很适合那些恋爱至上的朋友：“你已经是个大人了，应该懂得如何区分清楚生活和爱情之间的关系，生活不是为了爱情而生，而爱情却是基于生活依存。”

你要知道，爱情不能是你唯一的东西，当人生只剩下爱情时，爱情通常会离你而去。当你拥有其他东西后爱情才会再回来找你。

没有爱情，你依旧可以活得好好的，当然，有了爱情更好，爱情不是雪中送炭，而是锦上添花。

所以，亲爱的朋友，别做感情里的那个“恋爱脑”。你要记住，生活除了爱情，还有别的，不要为了爱放弃全世界，甚至抛弃你自己。

一份好的爱情，不会让你丢下所有，背叛世界，而会让你的整个世界都沉浸在温暖的爱里。

后记：
收集每一个快乐的瞬间，用它们回击糟糕的日子

01

有一段时间，我常常失眠。

不是不困，而是明明很想睡觉，可就是睡不着，脑子很乱，并且疼得厉害，努力入睡，但总会突然醒来，醒来时一般在凌晨，翻看手机知道才凌晨两三点，天还是黑蒙蒙的，于是我紧闭双眼，逼着自己入睡，但无论如何，我都辗转反侧，睡不着。

无奈之下，我只好拿出手机，无聊地看朋友圈，刷微博，逛知乎，看许多没意思的帖子，又困又难受，像得了什么病。

以前总觉得时间过得飞快，可失眠的时候，时间却好像沙漏里缓慢流淌的沙，一分一秒都让人倍感煎熬。

失眠的那些天里，我反复想了好久，为什么自己睡不着，最后得出一个结论：我遭遇了困境，焦虑、疲乏、难熬，心里堆着事儿，压力有如泰山，沉重到让我喘不过气。

我没有将自己的心酸苦楚告诉别人，在白天我保持平静，用若

无其事的模样掩盖我内心的忐忑、焦灼与不安，最显著的变化是，我笑得越来越少，脸色也越来越难看。

然而我不说，身边的人也不以为意，毕竟生活节奏那么快，没人有闲工夫留意你的一举一动，等我走出了困境，恢复了过往的元气，我才将这事说给朋友听，朋友听后的第一反应是："你有那样过吗？感觉你那些天里都挺正常的，不像发生什么事儿啊。"

我回答他："虽然表面上风平浪静，但我的心里已经掀起了滔天巨浪，快不快乐，只有我自己知道。"

02

我认识的一位朋友乔籽生病了，抑郁症。

身边的人都感到很意外，语气满是疑惑："我看她平时挺正常的呀，这么突然就得了抑郁症了？"

"就是，我上回见她还感觉挺自然的，就是话说得少了一点。"

"这年头，人真是动不动就得抑郁症啊……"

乔籽为什么会得抑郁症，具体原因我不太清楚，据说是因为她考研二战失败，而她那时和男友又闹分手，家人还非得逼着她回老家考公务员——这一桩桩的事，或大或小，宛如雪花一般全压到了她瘦弱的身上，最后引起了雪崩。

乔籽的抑郁其实早在朋友圈露出了迹象，她常常在深夜发状态，然后迅速删掉，她也失眠了很久，有时彻夜难眠。

我曾在失眠的夜里看到她发的一句话，她说："这个世界根本没有人真正关心我，所有人都只在意我的成功与失败，却不关心我过得快不快乐。"

我想留言给她一些安慰，结果她很快就删掉了朋友圈，给她发消息她也没回我。

再后来，她清空了朋友圈，换了一张全黑色的图片作为头像，还更新了签名：一切皆空。

03

不可否认，生活中患抑郁症的人越来越多了。

有人觉得那些抑郁症患者作，矫情，根本不能理解为什么他们会得抑郁症，甚至觉得承受能力太差，内心太脆弱，一切都是他们自己的问题。

可是想想，谁会希望自己患上抑郁症呢?

在网上看到一段话，感觉特别戳心："抑郁症患者眼中世界是什么样的? 就像拎着一只水桶走路，每天都有一只手向水桶里倒一杯水，起初你只觉得沉重，乏力。到了后来，水满到已经溢出来，心灵已经被压迫得没有一点感觉了，只剩下麻木和无尽的疲惫。"

每个人都有自己的苦与难，我们没法感同身受。

很多人都过得不快乐，压力很大，成天焦虑，迷茫无措，被家庭、公司、社会逼得喘不过气，没有可以倾诉的对象，没法靠着自己的力量走出困境。

一切都太现实了，生活每天都会给你突如其来的暴击，你永远不知道下一刻发生的会是惊喜还是惊吓。

现在的你，过得快乐吗？

有多少人在意这个简单的问题？

或许你会说，生活嘛，过得去就行了，何必胡思乱想，自寻烦恼？

我们将很多内心的感受、想法都隐藏起来，不允许自己过多地思考这个问题，因为我们都清楚自己的答案，害怕戳穿了生活那层薄薄的真相。

04

总有人说，好想回到过去，回到童年，去过一段无忧无虑的日子——以前的我也是这么想的。

但现在的我明白，根本没有什么无忧无虑的日子。

童年时，担心父母的责罚，害怕写不完作业，到了中学，开始在意考试排名，有了升学的压力，而到了成年，又要面临一系列的难题，工作、买房、结婚、生子的压力向你袭来……

每一个阶段都有烦恼与难题，小孩有小孩的苦恼，大人们也有自己的苦衷，互相羡慕，却又无可奈何，困在生活这座围城里，就这么活着。

很多人都在做着自己不喜欢的工作，过着不喜欢的生活，活得不易，时而焦虑，时而压抑，快乐也时常玩失踪，动不动就离家出走。

我们该怎么度过那些沮丧难过的日子？

我看过一本有关抑郁症的书，觉得书里的一句话很对："不管什么病，逃避的话，都治不好。"

人呢，还是要向前看，无论眼前的处境多么艰难，生活多么痛苦，总要怀抱一点希望，一点信念，咬着牙撑下去，一直走下去。

05

快乐或许很短暂，但短暂也总比没有强。我们要努力收集每一个快乐的瞬间，然后用它们回击每一个糟糕的日子。

我现在已经习惯记录下一些能让我快乐的瞬间了，我将有限的记忆，多用来记住快乐，从而淡忘很多悲伤和痛苦。

早起出门挤地铁正好有座；买到的早餐很合自己口味；中午点的外卖便宜又好吃；傍晚看到了绚丽的晚霞；在公园里遇到了一群可爱的流浪猫；在便利店买到了店里仅剩的关东煮；周末宅在家里追完了一部高分剧；在书店里看了一下午喜欢的书；和朋友去看了喜欢的电影首映；在旅行时得到了陌生人的帮助，返程的飞机没有晚点……

不奢望什么大欢喜，抓住生活里的小确幸，让它们丰盈润泽我们的生活，这样就够了。

关于快乐，钱锺书曾写过这样的话：“快乐在人生里，好比引诱小孩吃药的方糖，更像跑狗场[1]里引诱狗赛跑的电兔子[2]。几分钟或者几天的快乐让我们活了一世，忍受着许多痛苦。我们希望它来，希望它留，希望它再来——这三句话概括了整个人类努力的历史。”

快乐太难得了，所以更应该珍惜每一个喜悦的瞬间，好好照顾自己，关注自己的内心世界，如果真的感到非常痛苦，无法忍受，那么可以停下来，歇一歇。

你要在内心的痛苦达到崩溃值前，让自己放松下来，不要勉强自己，也不要硬逼自己，比起成功，我更希望你过得快乐。

无论生活再苦再累，我们都要微笑面对，尽量想开点儿，抓住生活中的小欢喜，收集每一个快乐的瞬间，然后用它们回击糟糕的日子，一路笑着走下去。

---

1. 跑狗场：新中国成立前，旧上海用于举办赛狗比赛的场所。

2. 电兔子：诱使赛狗追逐的电动假兔子。